借势成事

商波　吴静莉◎编著

新疆文化出版社

图书在版编目（CIP）数据

借势成事 / 商波，吴静莉编著 . -- 乌鲁木齐 : 新
疆文化出版社，2025. 3. -- ISBN 978-7-5694-4913-6

Ⅰ . B848.4-49

中国国家版本馆 CIP 数据核字第 2025Y9U107 号

借势成事

商波　吴静莉 / 编　著

策　　划　祝安静	责任印制　铁　宇
责任编辑　张　翼　闫立伟　铁　宇	封面设计　天下书装
版式设计　壹品尚唐	

出版发行　新疆文化出版社有限责任公司

地　　址　乌鲁木齐市沙依巴克区克拉玛依西街 1100 号（邮编：830091）

印　　刷　三河市嵩川印刷有限公司

开　　本　710mm×1000mm　　1/16

印　　张　8

字　　数　100 千字

版　　次　2025 年 3 月第 1 版

印　　次　2025 年 3 月第 1 次印刷

书　　号　ISBN 978-7-5694-4913-6

定　　价　59.80 元

前　言

借势成事的智慧

在中外历史的长河中，曾涌现过无数成就伟业的杰出人物，为了能够借鉴他们的智慧和经验，学者们从不同的角度去解读他们成功的偶然和必然，无论得到了什么样的结论，有一观点始终会出现其中——人格魅力。

专家们不约而同地认为，成功者的成功，不仅仅因为其本身的优秀，更多的是源于围绕在他们身边的那些忠诚而优秀的拥趸。汉高祖刘邦、唐太宗李世民、明太祖朱元璋……哪一位身边不是人才济济，群星璀璨？

以汉高祖刘邦为例。这样一位在斩白蛇起义之前始终平平无奇、从现在的角度来看更像是个"街溜子"的存在，为什么能成就大汉伟业？萧何、张良、韩信……这些在中国历史上同样也是闪闪发光的名字，始终与刘邦之名如影随形。萧何国相之才，张良军师之智，韩信战神之威，皆为刘邦所用。

刘邦的成功，在于他的"将将"之道，在于他组建起的优秀团队。所谓的"人格魅力"，就是将优秀的人吸引到自己身边为己所用的能力。从另一角度来说，刘邦借用了团队的智慧，他的团队成员又何尝不是借用了刘邦的领袖才能，从而达成自己建功立业、青史留名的梦想呢？韩信宁可忍受胯下之辱，也要保全自身，就是他笃信自己有朝一日可以成为与那些给予他污辱的地痞有云泥之别的人中俊杰，但他的这一梦想，直到跟随了刘邦，才有了实现的路径和可能。

这就是借势的力量——优势互补，各取所需。

"势"在中文里蕴含着力量和趋势的双重含义，它既是自然界中不可抗拒的力量，也是社会发展中不可避免的趋势。从古代的兵法到现代管理学，借势成事的思维无处不在。《孙子兵法》中提及"故善战者，求之于势，不责于人"，强调了借势的重要性；乔布斯的"站在科技和人文的交叉口"，则是借势成事的现代演绎。

然而，借势并非易事，它需要我们对大环境、对他人、对自我均有着深刻的理解和准确的判断。在全球化的今天，信息爆炸和社会变化的速度使得借势变得更加复杂。我们需要在海量信息中寻找真正的趋势，识别那些能够为我们所用的力量。

本文从不同的角度出发，穿插大量案例，讨论了当前世界成功的名人和团队，如何识势、顺势进而借势，以及如何最大程度地避免借势过程中那些可能发生的挫败和风险。

借势成事，是艺术，也是科学。它要求我们既要有宏观的视野，也要有微观的操作。通过本文的探讨，我们希望能够为读者提供一种全新的视角，去理解和运用这一古老而又现代的智慧。

目 录

第一章　借力者明，借势者成

借力者明，借智者宏，借势者成。孙子曾云"善战者，求之于势，不责于人，故能择人而任势"。学会借势，可以帮助我们打破自身桎梏，将学识、认知、技能、智慧、潜力等以一种更深层次的方式挖掘出来，借助于"趋势""形势""局势""热势""大势"，实现事业品质的全面跃迁。

第一节 何为"势"，何谓"借势"

在我们进入网络经济时代之后，市场大环境的颠覆性变化，使得大家所处的职场环境也发生巨变。无论是就业，还是创业，甚至工作中的事务处理方式，都对身处职场的我们提出了更高的要求。有没有一种方法可以让这些变得不再那么沉重繁复？天道酬勤，也愿意让勤劳的我们学会更多的技巧，以一种更科学更高效的方式完成工作。而借势，便是自古有之的行事之道。

趁势直追，形势喜人，大势所趋，势不可挡，以及势力、势头、优势、威势……在我们的字典中，带有"势"字的词语难以计数。但对于这个司空见惯的汉字，好像很少有人会去追究它的具体定义。那么，何为"势"？又何谓"借势"？

"势"的存在

按照约定俗成的理解，"势"应该理解为"一切事物力量表现出来的趋向"。在《道德经》"道生之，德畜之，物形之，势成之"中，"势"为万物生长的自然环境。简而言之，

"势"是决定一种事态会以什么样方式进行发展直至成形的关键因素。通俗讲，势就是在事物运作过程中，那些有迹可循的无形规则，以及几不可察的运行轨迹。

古时两军交战于原野，在以刀兵相见之前，会先以唇枪舌剑骂阵，后又擂鼓助威，摇旗呐喊，这是用来壮大己方军心士气的"声势"；下官拜见上官时，感觉对方不怒自威，遂心生怯意，这是上官以权柄＋威望制造出的"威势"；两位侠客狭路相逢，往往勇者得胜，源于勇者在生死之间迸发出的"气势"。

我们在面对一个人时，如果感觉对方很有气势，极可能因为对方的内心强大、意志坚定，才会由内而外散发出一股"势"。而这种"势"，在对方与人交涉、谈判时会发挥着关键性的作用。

于总是一位来自华东工业重镇的经营者，因为其产品的独特性，在业界很有声望，属于国产企业该领域中的佼佼者。但在他参与的展会上，很多慕名前往想结识于总的人大多都会失望而归，"于总不在展台""于总外出了"。直到一位客户拿着该公司的产品零件找上展台，对产品品质提出质疑，技术人员不予认同，现场气氛一度僵持。这时，一位穿着工装的中年男子上前，因为已经旁听了全程，没有再请客户复述，而是直接拍照，并邀请客户到距离展厅最近的该公司的服务处进行验证试用，承诺如果该产品真的出自本公司，按照赔付条款一分不少地进行赔付。

中年男子就是于总。在此之前，他一直坐在一群工作人员中，低调得如同不存在一般。但当他以总经理的身份担当起责任时，气场全开，不但在最短时间里安抚住了客户，也制止了事情的持续恶化。

事发前，于总因为不想进行过多的无效社交，所以甘愿泯然于众人；事发后，现场需要一位有决定性作用的人物出面，于总展现了一位决策者的气势，以镇定的口吻和笃定的姿态取得客户信赖，进而使对方愿意用相对温和的方式处理纠纷。

一个最浅显的解释，一个人的"势"，就如同那些修仙小说中提及的"领域"，只要修炼得法，任何一个人都可能拥有。而一个团队、一个更大的集体的"势"，则是一种群体行为形成的更宽阔更具影响力的"势"，俗称"势力范围"。

何谓"借势"

顾名思义，借势，就是一种借用外部（个人 / 团队 / 集体 / 品牌）的力量或已有的趋势，为己所用，从而达成某种目标的行为。"借"在这里，可以是借鉴，也可以是借用。

首先声明，借势与仗势不同。借势是为了目标的完成，借用某一方的能量，从而更高品质地完成目标。在这个过程中，被借的一方不会受到任何妨碍，反而会收获借方反馈过来的助力。仗势，且不说其目标的合理性，在很大机率还会对被借一方的声誉造成不同程度的损害。所以，两者有着本质的区别。

进入职场的新人，或者重新选择赛道出发的创业者，面对一个完全不同的环境时，如何最快地进入角色？观察同事，观察比自己更早出发的前辈，从对方身上找到可以借鉴的经验、优势、闪光点，是一个不错的主意。

孙子曾云"善战者,求之于势,不责于人,故能择人而任势"。

试想，一场战役拉开之后，形势瞬息万变，如果不能掌握主动，如何将胜利之势掌握在自己手中？战场中的"形势"，又如何才能握于己手？就如兵圣孙子所说"求之于势"，商场如战场，职场亦然，发现"势"，制造"势"，进而把握、借助和驾驭，"治众如治寡"，"无穷如天地，不竭如江海"。一个人一旦学会借势，在职场中、事业上，就如增加了一双隐形的翅膀，可以享受到用智慧工作的乐趣，进而实现个人的全面发展。

很多营销课程或专著告诉我们，一位成功者，首先应该是一位善于学习的人。因为善于学习的人，更容易找到自己的劣势所在。吕不韦云："善学者，假人之长以补其短。"怎么补呢？一条非常重要且有效的途径，就是"借"。

大家应该都听说过"木桶原理"，一只木桶的盛水量，取决于最短而非最长的那块板。如果想提高木桶的整体容量，除了下功夫补齐较短的木板，还要看木板间缝隙是否紧密。个人之于团队，就如木板之于木桶，配合无间，各显其能，才能保障团队的高效运行。而对个人来说，才华、能力、学识都是木板，哪一块板出现不足时，需要及时地省察和补足，否则就会导致成为人生停滞不前或每况愈下的那块"短板"。

但是当我们凭一己之力在短时间内很难对"短板"进行有效的提升时，"借"字的作用由此开始显现。我们可以借鉴他人／团队的优势，来弥补自己／团队的不足，也可以借用他人／团队的长处，做到自己／团队以前无法做到的事。纵观古今中外的成功人士，可以说毫无例外地皆为"善借之人"。他们的巧"借"之法，妙"借"之道，也将在本文有所呈现。

第二节　历史与文化中的借势智慧

在中国浩如烟海的历史和文明中，上至功成名就的帝王将相，下至留下过经典传说的市井小民，都不乏能够充分利用身边资源、借势起势从而成就事业的大家高手。

借势高手首推刘邦

论历代帝王中起点最低者，刘邦一定位列其中。从一个掌管十里范围内村长加治安警卫的亭长，到可以掌控整个国家的统治者，这中间的距离何止十万八千里？如果没有这样的先例，估计谁也不会相信刘邦能够成功。

刘邦为什么能成功？因为他身边高人无数，能人辈出，为他提供了直达青云的能量。更确切地说，刘邦最令人称道之处，就在于他的借势之道：借他人之势，为我所用；借他人之能，铸我郭城。

在刘邦的军事人才群里，既有韩信、彭越、英布这几位统帅型人才，也有曹参、周勃、樊哙等将领型人才；谋略人才群里，有张良、陈平、娄敬；行政管理人才群里，有萧何和张苍；外交人才群里，有郦食其、陆贾等。这些人物，任何一位拿出来都可以称之为该专业领域的顶级人才，但能够全部围绕在刘邦身边的主要原因，正是在于刘邦本人的知人善用，使所有人才都能够充分发挥其学识才士，共谋大事。

刘邦不止会借用身边之势，对手之势依然会借。刘邦与项羽之间的故事传唱不衰，在于其经典：一位骁勇善战、当世无敌的战神，输给了一个手不能提、肩不能担且文不成、武不就的"混混"……上哪儿说理去？可事实就是，刘邦靠的从来不是一人之勇。他在与项羽的对峙中，充分利用了项羽对于自身武力的自信和自负，一步步诱使对方走向自己希望的方向。例如，项羽羁刘邦父为质，逼迫刘邦妥协，刘邦回之"吾与项羽俱北面受命怀王，约为兄弟，吾翁即若翁，必欲烹而翁，则幸分我一杯羹"。他很确信，以项羽的性情，不可能煮了自己的父亲，所以，在对方为自己设下的困局中，他利用对方的性格特性成功破局。

就如刘邦自己所说："夫运筹策帷帐之中，决胜于千里之外，吾不如子房；镇国家，抚百姓，给馈饷，不绝粮道，吾不如萧何；连百万之军，战必胜，攻必取，吾不如韩信。此三者，皆人杰也，吾能用之，此吾所以取天下也。项羽有一范增而不能用，此其所以为我擒也。"

项羽自负于自身的强大，即使身边有可借助的资源，也没有善加使用，于是成为历史定义的失败者。刘邦清醒知道自己的短板所在，如果单打独斗绝非项羽对手，所以懂得充分利用

借势成事

身边人的优势，借他们智慧、武力、思维、谋略，从霸王手里夺走了霸业，成为汉朝的开创者。这正是兵圣孙子所说的"善战者，求之于势，不责于人，故能择人而任势"。

借权起势朱元璋

清楚地认识到自己无势可用时，借用比自己更强大的势力推动自己前行，从而达成目标，也是借势的一种，明太祖朱元璋便是个中好手。

朱元璋是大明王朝的开国皇帝，起家时尤其善于借助上级的力量巩固自己的地位。当时他投身在抗元重要领袖郭子兴的麾下，因才干出众颇得重用，很快便升任和州总兵。但是，驻守和州的将官大部分为长年跟随郭子兴的部下，对这个空降来的顶头上司并不信服。

朱元璋上任后，特在召开第一次正式会议的前一天，命手下撤掉了大厅主将的位子，只摆了两排长条木椅。会议召开时，朱元璋故意最后一个抵达会场。会场之内，诸将领全部入座，仅留下一个左边的末座空位。对于自己在诸将官心中的地位，朱元璋了然于心。

会议开始，进入军政大事讨论环节时，战场上搏命厮杀犹能面不改色的资深将领们，此时都是一脸难色。及至朱元璋发言却侃侃而谈，不但能够精确地分析敌我形势，还提出了具体的建议和措施，令诸位将领刮目相看。会议中，除了讨论军政大事，也针对城墙修复工作作出安排，与会将领分工协作，限期五日完工。

五日期限到，朱元璋率领诸将领进行现场查验，结果只有他负责修复的城墙真正完成，其余将领负责的各段工程都没能如期完工。制服手下将领的时机到来。朱元璋沉下脸来，手托郭子兴的檄文朝南坐下，向所有的将领道："总兵乃主之命，非我专擅，修城要事，不能如期完工，贻误军机责任重大，谁可担当？今后再有违令者，军法处置！"

在这件事上，朱元璋其实借了两次势。一是借上级郭子兴的威势，"总兵乃主之命，非我专擅"，告诉所有人，我这个总兵之位是郭子兴任命，你们不服从于我，就是违背郭子兴的意愿；二是借自己的权势，首先他在会议上表现出了军务娴熟、治军有方的一面，继而又在城墙修复工作中以身作则，如期完工，在他将什么都做到的前提下，他的总兵之权便有了"势"的加持。在这件事之后，如果再有人不听号令，他以军法严惩，所有下级无话可说，上级郭子兴也不会有任何异议。

这位明朝开国的皇帝，通过一件即使延误也不至于造成什么不可挽回的损失的要事，在一群各怀鬼胎的属下面前立了威，"借权"起势，从而站稳脚跟。

老字号的崛起智慧

清朝光绪年间，上海的城隍庙旁，出现了一家小门面的梨膏糖店。因为所售的梨膏糖价廉物美，生意不错。店铺招牌叫"天晓得"，而且还用一只笨拙的大乌龟作为商标，看上去另类又有趣，也因此招来路人好奇，天长日久，生意更加红火。关于"天晓得"的由来，则是一个非常典型的借势成事的例子。

借势成事

　　光绪八年（1882），于家水果店从山东莱阳运梨到上海闸北区，因为路途遥远，梨皮被颠破，又经雨淋，没到目的地时便开始腐烂，到后不管怎样晾晒，甚至削皮去腐都没有人肯买，只得陆续扔掉。对门有个小店，里面住着外省逃难来的夫妻二人，正饥肠辘辘，看见于家向外扔烂梨，就悄悄捡进家，削皮剜核去腐肉后，果肉居然很甜，遂把削好的碎梨切成小块，以一个五块铜钱的价格对外出售，竟然有了不错的销量。

　　夫妻两人索性前往于家水果店，透露购买烂梨的意向。于家正愁烂梨占地，以最低的价格一股脑地甩给了他们。为了便于储存，夫妻两人将削好的梨块放进大缸，全部用糖腌制起来，口感更好，一上市卖得更加火爆。此后，夫妻俩到处收购烂梨，除了腌梨销售，为了更加容易保存，还削皮进锅里熬成梨汁，制成膏糖。在没有梨吃的春天，梨膏糖满足了人们对梨的渴望，使得生意又上了一个台阶，一跃成为南方的名产。

　　第二年，朝廷的钦差大臣到上海闸北区出巡，买梨膏糖吃后认为味道很好，就将梨膏糖带到北京献给慈禧太后。慈禧太后正因咳嗽反复发作烦恼，吃后竟感觉清心明肺，咳疾明显见缓，便传旨叫夫妻俩进贡梨膏糖。

　　夫妻二人的夫妻店生意由此做大了，正式开了一家梨膏店。于家水果店老板多方打听，终于知道这些梨膏糖的起源和自家烂梨有关，一时又是眼红，又是不甘，又怕得罪皇家不敢言传，于是就在夜里写了一张"天晓得"的大字，贴在了夫妻两人的梨膏店大门上。暗指：这种见不得人的事情真的只有天晓得啊！

　　第二天，上工的夫妻两人在众人的围观中看到了门上的"天晓得"三字。男老板灵机一动，大笑道："我正愁梨膏糖店还没个招牌，想不到就有人偷偷送来了。我店里的梨膏糖连太后和天子都吃过了，自然应该叫作'天晓得'！"他特意把招牌写得特别大，看过的人好奇一问，知道皇上、太后都爱吃梨膏糖，生意更是蒸蒸日上。

于家水果店老板眼看自己白忙一场不说，还倒帮了对方一个大忙，更加气不可遏。当夜又在梨膏店墙上画了一只缩头乌龟，暗讽梨膏糖店的主人——被人骂了，还把脑袋缩进肚子里叫好，真是不知羞耻。翌日，梨膏店女主人看到，笑说："梨膏糖化痰止咳，延年益寿，乌龟也是长寿绵绵，正好就用乌龟做商标。"从此，这个商标就成了上海的驰名商标。

梨膏店夫妻两人为什么会获得成功？无他，惟借势尔。

在上例中，他们借了两方的势。一是"天晓得"之势，所谓的名人效应，当普通人知道远在天边的太后和皇上也喜欢他们身边的某样东西时，无论是出于好奇还是真是想治病强身，都会过来品尝一次；二是"敌人"之势，夫妻两人或许并不知道他们的敌人是对面的水果店老板，但是他们懂得化劣势为优势，将对方的恶意攻讦转化为有利于自己的助力，立刻让形势逆转，使自己立于不败之地。

一个人、一支团队、一家企业，如果也能够从所有不利于自己的艰难挫折、阻碍打击中获得力量，趁势借势，借势成事，一定也能够成为职场、商场上的常胜将军，无往不利，所向披靡。

第三节　识别和洞察，找到事物发展的趋势

欲借势，先识势，识势是把握先机的关键。所谓识势，指的是辨识事物的进化曲线，识别事物发展的关键节点，从而找到事物发展的趋势。识势的重要性，在于它能够帮助我们掌握主动，先发制人。通过洞察先机，组织出有效的攻击或防御，避免了竞争活动中的被动地位，从而事半功倍，获取最大收益。

识势的关键，在于综合和客观

依然是孙子在《孙子兵法·势篇》中所云："激水之疾，至于漂石者，势也。"意思是，湍急的流水之所以能够冲走巨石，源于那股使它产生巨大冲击力的势能。那么，这股势能又源于何处？这就是需要我们辨别"势"的源头，也就是识势。

选择大于努力，先识到势，才能借到势。作为一种看不见、摸不到却时刻影响着事物走向和发展的潜在能量，如何通过识别和洞察，找到它的存在呢？

俗话说"下坡走马，顺风驶船"，兵法则云"实则虚之，

虚则实之"。识势，不仅仅需要学会辨别势的虚影，更需要去了解势的真实形迹。一个正确识势的过程，就是一个结合历史、现实和大环境等诸多因素，根据现象客观地分析出本质的过程，并在这一过程中判断出事物发展的趋势和前景。

识势的误区，避免主观和片面

识势最重要的一步，首先一定是以事实为依据。如果只凭主观臆断或基于片面事实便妄下结论，就是"跟风"和"盲从"。须知道，历史并非只讲真话，大势却一直绵延不绝。古今历史中的每一个时代，都有特定的地标作为锚记，链接到不同时代的现实。这些现实，都是在"势"的推动下形成并彰显出来。首先了解，我们应该如何识势。

第一步，以历史作为依托，从之前发生的类似、雷同、相近事例中寻找到事态演变的端倪和共同的支点，从而预测事物前进的航向；

第二步，以现实作为根据，将笼罩在事物本质身上的所有非现实的概念层层剥离，只瞄准"可实现"这个基点，不让自己跌入空想的境地；

第三步，以环境作为凭证，密切关注所在领域所处的大环境的变化，包括政策的方向、同行业产品变更的方向、目标人群的承受能力及其最新需求的发展；

第四步，将以上三步所得的信息综合在一起，打破、解体、重组，所得出的结论便会无限接近于"势"之真谛。

可以看出，所谓识势，就是一个对信息收集、归纳、分析进而得出结论的过程。在这一过程中，洞悉信息的来源、辨识信息的真伪尤为重要。也可以借助专业工具，比如那些行业专业出台的数据分析工具和市场研究报告，帮助自己更好地识别趋势。而非人云亦云，或依靠所谓直觉做出一些想当然的猜想或预测。

"等风来，不如追风去"。懂得识势，才知如何借势。对一位企业经营者来说，识势意味着我们可以洞察国际形势和国家政策的变化，从而为企业的发展制定匹配的应用策略；对商业和投资者来说，通过分析市场动态和消费者需求，帮助企业或投资者把握市场趋势，提前布局，抢占市场先机；对个人发展来说，通过洞察社会发展的趋势和机遇，能够更有前瞻性地规划自己的职业发展路径，并在了解行业动态和技能需求的同时，针对性地提升核心竞争力。

无论是个人发展还是企业运营，识势都是成功的关键要素之一。它的应用场景可存在于我们工作和生活的方方面面，也可以应用于任何一个行业领域。所以，欲借势，先识势，识得真势，才能成功借势。

第四节　放弃"孤狼"生涯，学会借势而行

众所周知，狼是群体型动物，喜欢团队作战，而且分工明确，擅长互相借势利用彼此的优势达到目标，但偶尔也会有因为各种各样的原因独自流浪于荒原的孤狼，离群索居，独自作战。一般来说，这只狼会比狼群中的任何一只狼拥有更强的战斗力，单打独斗的能力超越所有的同类。但是，它很快就会死去。因为，它睡觉时没有狼会为它站岗放哨，它遭遇强敌时没有狼与它并肩作战，它受伤时更没有狼会掩护它撤退。

"孤狼"的自由不是自由

人类也是群居动物。只要你还在寻找更高品质的生活，你必须加入整个社会的运作机制中，成为其中的一员，并在这过程中发挥出自己的价值。离群索居的孤狼，可以享受自由，但无法拒绝危险。一个人单打独斗，固然不必受困于人际应酬，但需要承担更多的责任，还有更多的风险。何况，任何自由都是相对的，即使是那些一人一机对着电脑画稿、写作的自

由工作者，也需要利用各种渠道打出知名度，才能获得更多的资源。

当一只急于填饱肚子的孤狼，必须为了捕获猎物不得不全力奔跑时，它会有时间感受此时拂过自己脸颊的自由之风吗？一个独自创业的人，为了维持生计焦头烂额时，会享受无人管理也不必管人的轻松自在吗？答案显然是"不能"。团队的意见，就在于可以调动所有普通人的智慧，彼此借势，成为一股无法忽视的"势力"，推动历史发展的进程。

更多出色、优秀的人，都在享受借势所得来的便利。如果你还在一个人单打独斗，不妨打开封闭住自己的那道门，走近别人也允许别人走近你，去与更多人进行理念的碰撞，聆听更多人的意见，借助更多的建议，得到助益，也借到优势。

站在巨人的肩膀上

牛顿将自己的成功，归功于站在巨人的肩膀上。

我们且不去说这是一位取得不俗成就的物理学家的谦逊，还是基于事实的陈述。事实上，站在巨人的肩膀上，的确可以看得更远，也可以走得更稳。

晋文公重耳借助秦穆公的力量登上了国君，开启了秦晋之好；刘备借助诸葛亮的智慧作别了屡战屡败的职场生涯，开启了三国鼎立；诺贝尔奖获得者居里夫人和她的丈夫皮埃尔共同合作提取出了镭元素，并将这一成果献给世界。

这些古今中外的名人名事，无不在告诉我们，对于每一个想要获得成功的人来说，借势取胜的必要性和重要性。

　　近年的商业大潮中，许多商家开始借用外界优势为自己赢得机遇。如网络上如果出现了某些热梗，立刻就会有短视频博主进行跟随调侃，就像风行于几年前的"秋天的第一杯奶茶"，是一种借势；当网络出现某种热门事件时，立刻会有商业开发出相应的产品，如应熊猫热开发出的"熊猫花花玩偶"，应"黑悟空游戏"热推出的各种周边等，也是一种借势。

　　曹操就是一位典型的借势高手。他的"挟天子以令诸侯"，不仅让自己拥有了讨伐其他割据势力的名正言顺的理由，也使那些怀念汉室的人才为自己所用。虽然大家对于汉献帝这个傀儡皇帝的身份心知肚明，却无可奈何。这是借势成就的阳谋，也是一个无解的历史难题。

　　皇帝在当时意味着什么？天子。天之子，有天子在，便等同全民的信仰在。曹操借的是天子之势，而非汉献帝之势。明明有那么成功的挟天子以令诸侯的先例可以借鉴，司马昭却走上了一条无例可循的独木桥，在其手下当街击杀天子后，便等同击杀了天下读书人心中的信仰，由此和天下大势离心离德，埋下乱世伏笔。

　　站在巨人肩膀上，省时省力，看得远，走道稳，找准目标更快更准；推倒巨人，耗时耗力，得不偿失。

借势先走三步

　　当然，有些借势行为可能会带有一定的冒险属性，在启步之初很难预料成功与否。因此，决策者需要胆大心细，敢做敢当。如果仍然心存疑虑，在运用识势四步法进行辨识之后，不妨再

借势成事

借鉴以下三步借势法：

一、知己知彼：清楚自己的优势和劣势，掌握对手的优势和劣势，找到对方可以为己所用之处；

二、建立联结：抓住彼此联结的关键点，重点出击，迅速拉近彼此距离；

三、复制超越：借鉴对方成功经验、复制成功技巧，结合自己的优势和周边环境，解决自己的问题。而后在运用过程中融合升级，取而代之，完成对目标的超越。

这三步，每一步都不是无的放矢。

第一步，你需要真的了解自己。比如，你认为自己的优势是擅长沟通，那么，迄今为止，这一优势是否帮助你在职场上建立了人脉。同时，还要清楚自己需要哪方面的借势。如此，在知彼之后，如果对方拥有可以为我们所借的优势便借之用之，如果没有，也可以避免无效借势。

第二，建立联结不是强行绑定，你在借助对方的同时也需要展现出自己的价值，曹操提供给汉献帝的价值，就是安稳的生活。他不但结束了对方颠沛流离的逃亡生涯，在生活需求上也供应锦衣玉食，从未慢怠（此处仅指物质生活）。有这层需求在，即使汉献帝明知曹操居心所在，仍然不得不选择依附于对方。

第三，借鉴经验、复制技巧不是简单的模仿，而是能够理解对方经验中的精髓及技巧的可贵，以由衷欣赏的心态完全接纳，并结合自己的优势，将之融合为自己经验中的一部分，从而完成对目标的超越。

第二章　借力使力，乘势而为

　　"有借有还，再借再还"的借势之道，才能获得更持久的生命力；将单方面的借势变成互惠互利联手共赢且积极寻求更多助力并向对方提供更多价值的人，才是真正的借势高手。有还，便不怕借；有借，便定然还，让双方的优势在双方有来有往的互动间流动起来，方得长久。

第一节　发现周围无处不在的"势"

如果有人问我们：借势，借势，有势才能借，如果我找了半天，没发现自己身边有什么势的存在，连识势都做不到，别说借势了吧？

的确，如果无势可识，的确谈不到借势成事。而事实是，"势"无处不在，甚至无孔不入。一个新兴行业的形成，一家全新企业的崛起，一件事的发生，一个人的成败，都有势可寻。找到势，才能识势，进而借势。既然如此，我们如何发现存在于我们周围的那些无处不在的"势"呢？

势无处不在，又经常隐身

势无处不在，需要观察，更需要发现。

陆某进入公司已满两年，虽然还算职场新人，但在公司的时间已经不算短，她很想做出一番成绩。其实，陆某的工作能力和个人才华也得到了领导和很多同事的认可，可终究年纪轻，资历浅，公司规模说大不大，说小不小，经验、资历在她之上的人才一大把，即使出现职位空缺也轮不到她。只是，她并不想靠熬资历才能等到自己的升迁机会。

在一次公司内部的聚会上，陆某注意到了一位衣着不俗、谈吐优雅的女士，公司的各级领导几乎都来敬了一杯酒，路过这位女士时还会微微弯腰致意。

陆某坐到了这位女士的身边，眼角不经意地掠过对方的手机界面，是一位旅游博主的视频，遂开始了有意无意的闲聊。然后，她"惊喜"地发现两人都是"驴友"，在旅行这个话题上有很多共同语言，简直是相见恨晚。说到兴起，两人互留了联系方式，相约假期一起去一些博主推荐的景点打卡。之后，陆某在公司里又见到了这位新朋友，原来对方竟然是公司的第二大股东蒋女士，虽然很少在公司露面，但拥有很大的话语权。

于是，陆某的朋友圈就此多出了一位"贵人"。两人比较投缘，经常一起逛街购物。蒋女士以前在国内的时间不多，对于品尝本地美食很热衷。陆某也是一个吃货，经常带着蒋女士去一些不太热门但味道很好的馆子尝鲜。两人交流过程中，陆某会谈到对公司的一些看法和市场策划的见解。蒋女士很赏识陆某的才能，将她推荐进了公司一个很有发展空间的项目中。

陆某在新的项目组如鱼得水，充分展现了自己的能力，短短一个月时间，就帮助同事一起完成了原本预计半年才能完成的投标任务。她有能力，有干劲儿，也有进取心，公司高层领导对她本来就还算满意，在了解了她和蒋女士的关系后，更愿意卖大股东一个顺水人情，经常委以重任。在陆某入职该公司五年后，被提拔为一个重大项目的负责人。陆某自然是不负众望，圆满完成了重大项目，在自己的职业履历上涂上了光鲜亮丽的一笔。

可见，被借势者可能是你的上司，也可能是你的同事或同学，甚至可能是一位萍水相逢的"贵人"，能够被借鉴和借用的"势"，处于职场的每一个角落，它无处不在，又经常隐身，端看你有没有一双善于发现的眼睛，和一个随时处于洞悉中的大脑。

一双关于发现"势"的眼睛

首先，我们需要清楚自己想找到哪一种势：是想找到可以提供资金或其他支持的人脉资源？还是想得到向有销售经验的前辈学习的机会？或者，提升自家的品牌知名度，促进产品销售额等。

其次，确定自己的需求之后，进行针对性的搜索，可以从多层面进行操作。

观察他人的能力和资源：留意身边的人，看看他们有哪些独特的技能、资源或人脉。有些人可能在某个领域有丰富的经验，有些人可能在某些项目上拥有广泛的人脉资源，这些都可以成为我们借用的"势"。

潜在的合作机会：在工作中，多留意那些能够提升工作效率或解决问题的方法，找到可以提供这些方法的人，观察对方，学习对方，主动交流，增进学习机会，借鉴对方的工作方法和解决问题的思路。

充分利用社交网络：在社交媒体和现实生活中，多与他人交流，建立广泛的人脉关系。通过社交网络，还可以获取更多的信息和资源，甚至找到潜在的合作伙伴。

关注行业动态：时刻关注行业内的最新动态和技术发展，了解行业内的最新趋势和机会，抓住更多的发展机遇。

培养自己的观察力和判断力：通过不断学习和提升自己的能力，可以更好地识别和利用身边的资源和机会，培养敏锐的观察力和判断力，更精准地把握各种时机。

最后，充分利用自己的发现，找到势，识出势，借势成就自己。

还需要一颗善于发现"势"的大脑

一个人的行为模式，往往取决于其思考方式。如果我们的大脑习惯了妥协，做事的时候对品质的要求不会太高；如果习惯了放弃，做事也更容易半途而废或无疾而终；如果我们想让自己学会借势，擅长借势，就需要帮助自己的大脑建立借势思维。

今天的社会是信息爆炸的时代，掌握了信息，等同掌握了财富密码。一个有效的行业信息，能够帮助人们掌握到更多的行业动态；一个有效的技术信息，能够帮助人们了解到某项产品的研发走向。

小王是某养生食品销售公司的销售员。每次到月底计算销量时，他的销售额总是比其他的同事要多出一倍多。同事们都很好奇，到底小王是怎样将食品销售出去的呢？

这都要归功于小张的广泛信息源。作为一名销售员，他习惯了看到行业内的任何信息都要留存的习惯。一次，他在网

借势成事

上看到了同样位于本市的某知名企业老总因为肠胃病住院的消息，而且这位老总已经是第二次了。他以前听自己的朋友说过，朋友的一位同学在这家知名企业工作。他通过自己的这位朋友，联系到了朋友的朋友，以无偿的方式送给了两位朋友几盒养生食品，希望朋友的朋友如果去老总的病房探视，可以带上一盒。恰巧的是，这位朋友的朋友正愁没有合适的探视礼品，毕竟老总是肠胃病，水果怕寒凉，鲜花又觉得太形式化。

过了不久，朋友的那位朋友给小王发来消息，说老板吃了那些养生食品后感觉不错，想要在小王这里再多买几盒。小王表示正好要到医院附近办事，顺路送过去，要来了那位老总的病房号。小王和那位老总就此建立了直线联系。在那位老总面前，小王的表现获得了肯定。老总很慷慨地下了一笔订单，而且还顺手介绍了几位生意上的伙伴给小王。

这个案例中，可以发现小王成功的原因并不复杂。他在工作中，将借势当成了一种本能。不但通过各种渠道搜集有效信息，为自己他创造借势的环境，还积极利用信息创造借势的条件。还有一点值得注意，小王在发现潜在的目标客户之后，能够立刻找到相应的信息源，显然和他平时的努力密不可分。他对与自己目标客户相关的所有资讯，都会格外留意，如此在事情发生的时候，才能在记忆中迅速对号入座，确定行动计划。

小王每一次看似简单的销售行为背后，都做了大量的铺垫工作。收集信息，分析信息，找到可以借势的关键点，迅速切入，展开行动，直到达成目标，将潜在客户变成真正的客户。借势思维，就是在这样一次又一次的思考和行动中建立了起来。

第二节　以更好的方式和方法借势

发现势，识别势，之后如何才能真正借到势呢？那些势即使无处不在，也可能任我们予取予用。方式很重要，方法也很关键。本节中，我们可以了解一下直线借势和曲线借势。这是两种行之有效但过程迥异的借势之道，可根据所针对的目标和想要取得的结果的不同，选择不同的方法。

直线借势，讲究公开透明

顾名思义，直线借势就是和被借目标直接接触，在对方非常清楚的前提下，完成借势过程。这种方法，多用于后来者向前人取经讨教时，如师父带徒弟，前辈提携后辈，平辈之间的互相学习等。

2023年，阿青进入现在工作的外资企业前。此前一直在私企工作，用到英语的机会并不多。所以，尽管她的英语水平达到专业8级，口语水准也非常好，在进入现在的公司后，仍然感觉到了力不从心，尤其涉及一些专业的英语词汇，更加感觉需要"进补"。

她发现自己的部门内有两位较早入职的同事，英语非常出色，无论是词汇量还是口语能力，都是总监重点倚重的人才。又经过进一步的观察，发现同事李某的家和她在同一个方向，于是她主动邀请对方下班乘坐自己的车一起回家。

李某在婉拒了两次后，难以抵抗顺风车的诱惑，还是上了车。既然同车，肯定要聊天。李某主动询问阿青在工作中的困难，阿青很坦白地讲出了自己口语能力的退化，希望能从李某这里得到帮助。李某立刻改用英语对话，并刻意用到工作中的一些专业词汇。阿青在磕磕巴巴中开始了下班后的口语锻炼之旅。

一个月过去，阿青的口语能力突飞猛进，得到了总监的肯定。阿青当然并未因此放松要求，仍然坚持与李某的下班英语对话，而且将一些比较艰涩的专业词汇写成词卡，请李某帮助自己巩固。

李某对于能够在下班高峰的时候搭同事顺风车回家这件事很感恩，所以在支持阿青练习口语这件事上一直全力配合。在她的帮助下，阿青顺利度过了试用期，留在了这家外资公司。两人也在这个过程中缔结了良好的同事关系，在之后工作中成为一对互相支持的工作搭档。

在这个案例中，阿青在最开始便向准备借势的对象展示了自己的价值（顺风车），说出了自己的目标，李某也非常清楚阿青找到自己的目的（提升口语能力），给予了充分的配合。职场相处中，很多时候都需要用这种将共同的利益放在面前的坦然交流模式，避免过多的猜测和无谓的消耗。

每一个进入职场的人，顶头有上司，身边有同事，确定你想获得的帮助后，就要潜心观察和收集信息，确定可以借助的"势"的存在。当然，你可以向上司坦然地说出自己需要得到的帮助，也可以主动向优秀的前辈传递出学习的意愿，但前提是你也应该提供出一定的价值，在双方都非常清楚彼此需求的情况下完成借势。

曲线借势，旨在互惠双赢

何谓曲线借势？就是在不直接告诉对方的情况下，在双赢的利益驱使下，使得对方主动追随你的脚步，在赚取利益的同时帮助你达到目标。

这种方式在现实中可以运用的场景非常广泛。中国历史上最为典型的"曲线借势"案例，可以指向战国吕不韦的"奇货可居"。

战国时代，在世俗所划分中的士农工商中，商为末等。即使腰缠万贯，富可敌国，也难以登上大雅之堂，吕不韦手握敌国的财富，却无法享受尊荣，于是将目光投向了政坛。他的同行们在生意做大了之后，都会赞助某个政治人物，借其权势和地位进入上层社会的社交圈，但吕不韦的野心不止如此。

一次偶然的机会，吕不韦在赵国的国都邯郸认识了被秦国送到赵国做人质的秦昭襄王的孙子异人。从异人身上，吕不韦看到了实现自己野心的机会：帮助异人回到秦国，成为秦国国君，自己以有功之臣的身份跻身秦国政坛，实现政治抱负。"奇货可居"的故事由此诞生。

异人在他国为质，处境并不好。吕不韦及时地施以援手，以锦衣玉食和推心置腹获得了异人的信任。一次吕不韦问异人："你想要回秦国吗？"异人点头称是。吕不韦继而说："我会帮助你回到秦国，当上秦君。"异人大为感动，并许下诺言，只要自己能够成功回到秦国，必报答吕不韦的救助之恩。

但是，说是一回事，做又是另一回事，计划实施起来困难重重：首先，异人是秦国的人质，直接牵连到秦国和赵国的外交关系，并非想回国就能回国；其次，异人的父亲安国君有二十多个儿子，异人并不受父亲宠爱，所以即便回国，也没有足够的把握能够让安国君立其为接班人。

吕不韦生意遍及各国，拥有非常便捷的信息收集通道。他了解到其时已被立为太子的安国君最宠华阳夫人，但华阳夫人膝下无子，一旦新君登位，荣华富贵难以保障。于是，他前往秦国游说华阳夫人。"吾闻之，以色事人者，色衰而爱弛。今夫人事太子，甚爱而无子，不以此时蚤自结于诸子中贤孝者，举立以为适而子之……今子楚贤，而自知中男也，次不得为适，其母又不得幸，自附夫人，夫人诚以此时拔以为适，夫人则竟世有宠于秦矣。"

华阳夫人心动，认异人为子，改其名为子楚，并力劝安国君接子楚回国。子楚在其父继位后成功当上了太子，后又顺理成章地成为秦国国君，即秦庄襄王。秦庄襄王即位之后，任命吕不韦为丞相，封爵文信侯，赐河南洛阳十万户为封邑。从此，吕不韦从一个被压在阶级底层的商人变成了秦国政坛上的风云人物。

在这个案例中，吕不韦做了哪些努力？

第一，吕不韦很清楚仅凭自己的家庭背景和社会地位无法帮助自己完成阶级跨越，所以必须借势。借势目标的选择很重要，如果想完成从商场到政坛的阶级跨越，目标必须是拥有在政坛上获得尊位可能的人物。选择子楚，因为子楚具有秦国王族的身份，又正处于微时。雪中送炭的价值远大于锦上添花。

第二，为了使对方认可并且允许自己借势，吕不韦制订了一个双赢的计划。他先让子楚有利可图，使这位处境堪忧的王族子弟看到了重回荣光的希望。为了让子楚得到秦国国君的位置，他不但以重金让子楚享受到从前的锦衣玉食，还亲自到秦国游说，说服关键人物华阳夫人参与进来，使计划如愿执行。

由此可见，曲线借势的首要之处，就是必须让借势的对象得到利益，从而双方达成一个共同前进的共识，并且为了这个共识一起努力，从而实现自己的计划。意即，曲线借势的方式需要有一个过程，无法直接将对方的力量拿来就用。这个特征，也恰好契合了今天的商业环境所强调的市场特征，那就是合作共赢。

现在，很多大型企业在进军全新市场的时候，如果想更快地进入角色，最有效的方法也是找到一家该领域内的企业实行战略合作。对方要么需要注资，要么需要通过外来的力量度过一个关键的节点，大型企业则利用自身的资金投入换取对方在该领域的经验或技术，从而以最短的时候在该行业站稳脚跟，实现全新领域的突破。

第三节　摆脱短板困扰，走出借势的第一步

在第一章中，我们提到过"木桶效应"，短板的存在直接决定着我们能够达到的成就的上限。就像一个生来五音不全的人，即使再如何努力练习歌唱技巧，也很难成为一位顶级的歌唱家。但是，如果我们一味将短板作为借口，一味地告诉自己，告诉世界：这是我与生俱来的短板，是没有办法的事，怎么努力也无济于事。结论就是：不是我不努力，而是努力了也不会有任何改变。

可是事实是，一位失去双足的人，会戴上假肢奔跑，成为世界知名的运动员；一位自幼失去双臂的人，会用双脚织出美丽的毛衣。受限于短板，并将短板作为从此摆烂的借口，困住的不只有我们自己，还有我们人生中的无数种可能。

短板未必是短板，长项未必是长项

短板未必是真的短板，这一点很重要。

我认识一位很擅长演讲的职业经理人王女士。

　　王女士现在就职于某外资企业的培训部，不但负责新入职员工的培训，每一年还要组织三到五次大型的培训活动，对经销商、代理商以及终端客户进行技术培训。每一次培训，王女士即使不是主讲人，也需要主持全程，负责每个环节之间的衔接和下一个流程的推动，其稳健的台风和精致的措辞，博得与会者的盛赞。王女士告诉我，她从幼时直至大学毕业这段人生阶段，始终都是一个社恐，最害怕的事情之一就是在公开场合发言。当初因为这一点，毕业论文答辩三次才算勉强过关。即使现在，如果询问她的老同学或老朋友，王女士的劣势是什么？仍然会有人说：不善言辞，太怯场。

　　"我毕业后选择工作的时候，都特意避开那些需要和人交流的工作，但有几份工作是完全不需要和人打交道的？而且，我家里又没矿，世界上又哪那么多工作可以让我挑挑拣拣？第一、第二份工作都只做了一年，第三份是在一家广告公司做文案，以为只需要面对文字，但没有想到有一天需要我站在台上为客户介绍我自己写的文案。"

　　那天负责讲文案的市场部同事临时有事请假，王女士的当时领导认为没有人比她更熟悉那个案子，就赶鸭子上架把她赶了上去。王女谈起这段经历，仍然会说："直到现在我都不知道我当时是怎么熬过那一次的，但老板在之后对我说的那句话至今都忘不了。她说'还行吧，就是第一次没经验，可以变得更好一点'，我以为差到不能再差的社死现场，老板一句话就把我拉了回来。在那一刻，和得到救赎也差不多了。奇特的是，从那次开始，我竟不那么恐惧在公共场合发言了，直到今天。"

某些情况下，我们自己所认定的短板，未必是真的短板。同样，长项也未必是真正的长项。不要提前为自己预设任何限制，如果不能勇敢地迈出第一步，即使眼前有现成的"势"可借，你也只能望洋兴叹，然后还可能默默感叹自己命运不公，屡屡怀才不遇。

大胆地想，勇敢地做

新入职场的人，尤其需要明白一点：公司是一个全体员工生存和发展的平台。公司中的每个人，无论是部门领导，还是普通员工，甚或公司的持有者，都是在这个平台上履行着自己的职责，发挥着自己的作用。任何人离开了这个平台，就如同演员离开了舞台。直到寻找到下一个舞台前，都再也无法施展自己的才华。

很多人认为自己只是一个打工者，与公司只是一种雇佣与被雇佣的关系，将公司仅仅视为工作拿钱的地方，甚至有意无意地将自己置于与老板对立的位置，这是一种非常不利于职业发展的认知状态。我们应该明白，任何一个人都不是在为老板工作，而是在为自己打拼。因为只要我们工作，每月就会有薪水打进工资卡，工作经验也会得到增长。我们工作的原因和动力是每月薪水和经验，而不是为了帮助老板飞黄腾达。

春节前夕，某公关公司市场部第一小组组长高某带着新入职的同事到达春节促销活动的会场，遇到了活动承办方的酒店老总方某，两人相谈甚欢，还约了春节期间吃饭小聚的具体时间。新同事很好奇："组长怎么认识那么一位大佬？五星级酒店的总经理诶，我在路上碰见都怕蹭破人家的订制西装。"

高某告诉他，方某曾经是公司的同事，而且两人是同一年进入的公司，曾经是一个小组的成员。新同事惊讶："虽然这么说可能有点不厚道，但允许我多问一句，为什么组长您现在只是一家公关公司市场部小组的组长，和您同一期的同事已经成了这么一家五星级酒店的总经理？难道那位方总是富二代？"

高某苦笑："错了，方某和我一样，都是来自一个三线城市的普通孩子。至于为啥差别这么大，简单，我工作只是为了能拿到一个月一万以上的薪水，他工作是为了促进行业的发展。"新同事以为他在开玩笑，高某正色说："别不信，当时我们聊天时，方某就说过想改变国内公关领域的一些顽疾。所以，为了达到这个目标，他需要走到更高的位置，借助更多的资源。我也笑过他，结果人家就真的一步一步往上走，我干了多年，则成了一个不错的市场部小组组长。"

大胆设想，小心求证，勇敢地付诸行动。如果连想都不敢想，谈何去做？

职场上有很多人像高某一样，仅仅把公司当成一个有薪水拿、能混口饭吃的地方，他们总会盘算：我为公司做的工作，一定不能超出薪水的价值，否则多不公平。这种认知不但使工作充满了煎熬，体会不到成就感，也会使人丧失前进的动力。与他不同，方某将推动整个行业的发展视为自己的责任，工作于他是一个提升个人价值的平台，使原本单调的工作成了事业发展的起点。所以，一起出发的两个人，在相同的时间内，却走出了不一样的距离。

需要打破常规的勇气

对初入职场的新人来说，能力得到提升，比一份优渥的薪水更加重要。

从学生党成为职场人，其实是步入了另一个学习期，比及将薪水当作衡量工作价值的唯一标准，工作带来的隐性报酬更值得职场菜鸟们看重。抓住每一个机会提升自己的核心竞争力，是职场学习期的第一个课题。

许多杰出的职业经理人所具有的创造能力、决策能力以及敏锐的洞察力并非与生俱来，就像上文中的王女士，她当众开讲的能力和勇气都来自于后天的锻炼。在工作中学习，在学习中工作，如果你对于如何提升能力无从下手，那就先迈出第一步：悄悄地观摩领导的处事方法，暗中注意同事们的工作方式，处处留心前辈们的交流技巧。

在很多营销类的课程上，都曾经讲过一个故事：

一家公司业务员招聘业务员，三个大学生前去面试。公司向三位大学生出了一个共同的考题——去寺庙里卖梳子，谁在指定的时间里卖出的梳子最多，谁就将被公司正式聘用。

第一位大学生在寺庙外面摆了个摊，把梳子当做到此一游的纪念品销售，结果一天下来只卖出了1把。

第二位大学生则直接找到了方丈，对方丈说，香客进庙拜佛，如果头发凌乱不堪，是对佛祖的大不敬，应该在佛台上放上几把梳子，提前让人们整理好形象，才能表现礼佛的虔诚。

方丈一想觉得有道理，于是就买下了 10 把梳子。

第三位大学生并没有像前两个人一样急于销售。他先以观光客的身份在寺庙里四处游走，并和寺庙里的僧人们闲聊，从中得知寺庙方丈很喜欢画画。于是他找到了方丈，表示很想欣赏一下方丈的作品。方丈难得遇到知音，很高兴地将大学生带到了书房。大学生看过方丈的画之后赞不绝口，对方丈说，这样好的画应该传播出去，让世人都知道。随后，他给方丈出了个主意，请方丈画一些带有佛教色彩的作品，并把这些作品印在梳子上，作为饰物卖给前来拜佛的游客。这样，一来可以将方丈的画推广出去，二来寺庙也可以得到一笔收益用于佛像的维护和修缮。方丈认为很有道理，欣然向这位大学生买下了 100 把梳子。

三位大学生的高下不难发现，差距也很明显。

在必须去寺庙销售梳子的前提下，第一位大学生用的是传统的思路和方法，因为和尚不需要梳头，所以不可能成为梳子的消费者，于是将梳子卖给前来拜佛的游客，选择在寺外摆摊销售，效果当然也不会太理想。另两位大学生的想法有所突破，没有拘泥于去寺庙卖梳子意味着只能卖给游客这个限定，反而打破定式思维，将寺庙和尚作为目标客户。

这就是巧妙借势的强大之处。即使是那些公认的"短板"，也可以充分利用，开辟更多的信息源，掌握更多的信息通道，跳出传统，打破常规，不预设任何因果关系，不为事情的发展圈定任何可能。我们用旁观者的身份，冷静分析，理智搜索，更容易发现势的所在，找到借势的入口，以势助势，达成目标。

第四节　优势互补，"借"与"被借"

既然我们说的是"借"势，不得不想到一句俗语"有借有还，再借不难"。毕竟，如果你站在对方身边，只是索取，从无给予，这段关系注定无法长久。所以，无论我们的能力是强是弱，资源是多是寡，都需要具备一项"回馈"的能力。也就是说，我们不仅能向人借势，也能被人借势，"借"与"被借"的双方实现共赢，从而不断巩固和提升这段关系的含金量。

在取与予之间，可以先给予

老子在《道德经》中说："圣人不积，既以为人，己愈有；既以予人，己愈多。"意思是，圣人不存占有之心，尽量帮助别人，自己反而更充实；尽量给予别人，自己反而更丰裕。我们都非圣人，做不到圣人的圣洁无私，但至少可以做到互惠和共赢，可以"将欲取之，必先予之"。

如果你接近对方的目的，只是为了借势，心安理得，毫无回馈，那就变成了索取，失去了"借"的意义。没有人喜欢只做助力别人上升而得不到任何回报的工具人，易地而处，我们自己也不会无怨无悔地付出。所以，适当的时候，我们需要改变思路，从帮助对方解决问题的角度切入，就会得到不一样的结果。

梁总当年创业的时候，正是他所在城市的房地产即将起飞的前夕。他专门对该城市的土地进行了深入的调查：很多处于市中心或交通要道的黄金地段的土地寸土寸金，昂贵的价格让很多有意建厂的人心生怯意。他进而发现，整个城市并不是全部的土地都贵得吓人，一些位置稍为偏僻，或是交通不便，或是因为各种各样的原因没有得到开发的地段，价格其实很亲民。

此刻，梁总的脑海里一个计划逐渐成形：借用这些低价土地，租给那些需要开设厂房或缺少厂房的人。是的，他的计划就是"中间商，赚差价"。

说干就干。第一步，梁总逐一访问低价土地的拥有者，好通过拍卖拿到土地使用权后却无力继续开发的地产商。他向对方提出改造和利用这些土地的计划：由他负责在上面建造厂房，再转租给有需要的人，对方可以从梁总手里坐收相当于单纯出租土地数倍的租金。

那些土地拥有者正愁着坐拥土地却无法变现，很快便点头同意。当然，在进行这一步前，梁总也是拜托了一些人脉提前打个招呼的，不然愣头青一样的冲过去，谁愿意听他说话？

第二步，梁总成立了一家房地产开发公司，积极向之前做市场调查时搜索到的目标客户开展了推销业务。

在低价工地建造的厂房，租金比黄金城段低廉得多，找到租用者并不算太难。梁总很快便把自己、土地拥有者、厂房需求者三家的利益分配关系明确公布出来：梁总从租用厂房的客户手中收取租金，扣除了己方收取的建造费用和一定比例的管理费用，所剩即为土地拥有者的收入。换句话来说，就是厂房租金和土地租金的差额，除去造厂房的费用，所剩管理费等即为梁总的收益。

梁总的做法，在当时既新奇又大胆，不仅给自己、土地拥有者、租用厂房的客户三方都带来助益和便利，而且还给当地的经济发展带来繁荣，银行贷款项目也得到发展，因而得到社会各方面的大力支持。他的房地产开发公司由此崛起，梁总也因此成为了当地的知名企业家人，缔造了一段地产界的佳话。

不要吝啬你的感恩之心

人际关系对每一个有心成事的人来说，都是一笔珍贵的资产。它的存在，就像银行的存款，如果没有提前的存入，需要的时候不可能拿出来应急。人际关系中的"人情"，是一种非常微妙的"势"，应用得当，它可以助人成就伟业；过度支取，也可能成为致命的伤害。

不肯增加储蓄，只想大笔支取的人，银行会判断"此人有病"。在与人的交往中，无论是基于什么样的共同利益，都需要将合作的情感形成一种互相流动的河流，有来有回，有补有取。

乐于助人，主动助人，是不断增加感情账户上储蓄的有效方式。生活中经常有这样的人，帮了别人的忙，就觉得有恩于人，于是会下意识地暴露出一种高高在上的优越感。其实这样不但不会增加感情账户的收入，还会适得其反，将这笔账抵消，徒劳一场。欲先存后提，就要端正心态，得到帮助要由衷感恩，想要帮忙就要发自由衷。对于真心帮忙，被帮助的一方感觉得到，也体会得出。退一步说，即使对方表现得无动于衷，你将事情做到了前面，至少心中坦然，交往中不会落于下风。

宋时，洛阳有户人家与他人结怨，多次央求地方上一位颇有名望的士绅出面调停，对方再三婉拒。后来这家人找到侠客郭解，请他来化解这段恩怨。郭解接受了这个请求，亲自上门拜访委托人的"冤家"，经过一番苦口婆心地劝解后，对方同意了和解。

按照常理，大侠郭解不负所托，完成了化解恩怨的目标，可以"事了拂衣去"了。可是，郭解还有高人一着的棋，有更巧妙的处理方法。一切讲清楚后，他对那人说："我听说以前许多当地有名望的人都来调解过这件事，但因不能得到双方的认可而没能达成协议。这次我很幸运，你给我面子让我了结了这件事。我在感谢你的同时，也为自己担心，我毕竟是外乡人，在本地人出面不能解决问题的情况下，由我这个外地人来完成和解，不免让本地那些有名望的人感到丢了面子。请你再帮我一次，从表面上要做到让人以为我出面也解决不了这个问题。等我明天离开此地，本地的那位士绅便会上门，你把面子给他，此事就算圆满解决。"

当晚，他拜访那位士绅，表示自己受人所托却铩羽而归，请求他出面解决此事。士绅感受到了大侠郭解的诚意，又向往解决郭解也无法解决的麻烦之后所收获的更大声望，欣然应允。

实则，郭解与这位地方士绅也颇有交情，彼此的交往中多次互相帮扶。他在解决了委托人的委托后，不想因为自己的介入让朋友的面子受挫，所以主动让出这份人情，维护朋友的尊严。在这次事件之后，这位朋友对郭解更加看重，并在几年后郭解需要帮助的时候慷慨出手，为他解了燃眉之急。

对于地方名流来说，面子就是一份厚礼。与人相交，不必吝啬自己的感恩之心，以十足的诚意展示出自己的回馈之道，这既是操作人情账户的必须一步，也是以长远目光看待借势的必走流程。

有借有还，还要常借常还

很多人认为，只有在遇到一筹莫展的难题时，才是不得不向他人求助的时候。但是，在走投无路时再勉为其难地去求神拜佛，实则为时已晚。更有一些人，最不喜欢的一件事便是开口求人。但除非活在真空中，否则没有一个正常的社会人会在没有他人帮助的前提下全须全尾地度过一生。即使那些离群索居、自耕自种、自给自足的隐居者，也需要最初播下的种子和泥土种不出的油盐酱醋。

但凡一些优秀出色的杰出人士，大都精于借势之道。而这些真正精通"借"字决窍的人，都奉行一个原理"有借有还，再借不难"。其中，其实还有一条辅助原理"常借常还，再借不难"。遇到难题大大方方地向人开口，平时也不吝啬向别人伸出援手，在借与还之中，建立起互相扶持、彼此信任的合作关系，共同进退，结成攻守同盟。

2018 年，在某次行业展会上，任职于工业耗材市场部的姜某认识了来自友商市场部的良某。两家企业虽然存在一定的竞争关系，但说实话，行业很大，两家产品也有着不同的受众群体，重叠的那部分还不足以让他们成为激烈的对立关系。所以，两家的工作人员相处还算平和。但在姜某看来，两家完全可以联手制造一些噱头，以吸引终端用户的注意力。

恰好，良某也有类似的想法。在他看来，两家的产品各自针对着不同的受众，如果联手做一些活动，可以将两个群体都吸引过来，制造的话题还可能刷一波热度。所以，每一次行业展会，姜某都会找到良某，双方共同召开发布会和终端用户见面会，以"贯穿行业全产业链"的噱头面对两家各自的用户和共同用户。甚至，在没有行业展会的工作日里，两人也经常互通有无。姜某得到了良某的很多帮助，有很多新增客户均来自良某的推荐，因为相对来说姜某公司的产品应用层面更广泛。为了投桃报李，姜某也积极帮助良某推荐了很多资源。两人还一起策划了多次线上发布会，为两家公司的产品发布建立了网络时代的全新营销模式。

"有借有还，再借再还"的借势之道，能够获得更持久的生命力；将单方面的借势变成互惠互利、联手共赢，同时积极寻求更多助力，并向对方提供更多价值的人，才是真正的借势高手。有还，便不怕借；有借，便定然还，让双方的优势在彼此有来有往的互动间流动起来，方得长久。

第三章　借机行事，审时度势

　　借机行事，重在"机"。所谓"机不可失，时不再来"，很多机遇都具备无可替代和不可预测的专属特征。而"审时度势"则是一种应对机遇的策略和方法，帮助我们在复杂多变的环境中做出明智的选择。无论是历史中的发生还是现实中的演变，机不可失的重要性和审时度势的必要性一再得到佐证。所以，面对在事业和职业生涯中神出鬼没的各种不确定性，务须抓住时机，敏锐觉察，借机行事。

第一节　万事俱备，才会不负东风

《三国演义》中，诸葛亮借东风，东风一来，火烧赤壁，大破曹军，正式开启了三国鼎立之势。诸葛亮精通天文，熟知地理，因为提前预测到了天气转换的时机，以借东风的噱头乱周瑜之心，为气死周瑜埋下伏笔。三国鼎立，各为其主，强者的交锋足够精彩，也令人印象深刻。

故事可能只是故事，但不妨碍我们去观察和借鉴。

我们等待的，到底是什么样的东风

诸葛亮博学多识，提前预测到了西北风转为东风的大概时间，所以可以自信地与周瑜过招。但无论是诸葛亮，还是周瑜，在东风到来前，都没有仅仅只是等待东风的到来。

东风到来前，诸葛亮草船借箭，登台作法，排兵布阵；周瑜调兵遣将，甲胄挂身，枕戈待旦，所以才说"万事俱备，只欠东风"。也正因如此，在东风到来后，周瑜才能借黄盖诈降引发火攻曹营，诸葛亮的蜀吴联合大计才能取得开门大捷。

显而易见，一个人如果没有做好充足的准备，是借不到东风的，不是东风没有来，而是即使东风来了，你也很难觉察。只有有所准备，才会知道自己等的是什么样的东风，否则如何确定来的是东风，还是沙尘暴呢？

孟子曰："天将降大任于斯人也，必先苦其心志，劳其筋骨，饿其体肤，空乏其身，行拂乱其所为，所以动心忍性，增益其所不能。"大任不会降到一个没有任何准备的人身上。因为，那样的人早在大任到来之前，便因为心志软弱退出了接手大任的竞争队伍。

准备万全，何谓万全？学习，吸收，扩展学识，提升技能，不断增加自己与人生角斗的砝码，储备与事业搏击的能量，没有真正的万全，只是持续的增持和补全。做好准备，才能在机遇到来时一鸣惊人。"长风破浪会有时，直挂云帆济沧海"，一旦时机成熟，便能乘风而起。

大学时曾认识一位学姐。

那个时候，正值千禧年到来之前，电脑正以强劲之势进入人们的职业环境中。那位学姐学的是文科，写了一手漂亮的钢笔字，老师曾说"靠这一手字，也能找个好工作"。但在毕业前夕，学姐开始学习电脑打字和各种办公软件的操作，甚至嫌学校的课程不够实用，还花钱报了外面的培训班。老师虽然有理解她的做法，但并不以为然："以你的专业能力，将来又不用做打字员，练打字干吗？"学姐仍然坚持，在拿到毕业证前，已经将打字速度练到了每分钟100多字，文字、表格的办公软件也操作熟练，排版、制表不在话下。招聘会上，面对一群学历和专业成绩相差无几的应聘者，在招聘方得知学姐的打字速度和办公软件的熟悉度后，立刻录用，甚至后面几家的面试都是如此。

两年前，一次校友会上，我又遇到了这位学姐。奇异的是，学姐在过去的十几年一直在同一家公司工作，从文员做到了高管，现在已经是那家外资企业在中国大区的CEO。有人问她的升迁之路为什么畅通无阻？学姐摇头，笑说："什么畅通无阻？你不干活儿，不出成绩，谁给你畅通？我一路升职，是因为我随时都做好了所有的准备。升职行政总监的时候，我已经学了两年的管理课程。竞聘大区总监的时候，我过了英语专业8级的考试，所以能够在那些总公司派来的老外面前以英语做竞聘演讲。任何一个机会砸到头上，我都担得起重量，给得起质量。需要我自己去争取机会的时候，我也从来不打没准备的仗。"

在今天人人有电脑、手手会打字的互联网时代，应该很难理解那个时候人们对于电脑的理解，大家感觉这个新生事物很新奇，也知道它将来会成为职场的重头角色，但仍然会认为会有专业的打字员从事打字这一工作，自己只要懂得用鼠标查下资料即可。即使后来互联网开始介入，也有人将操作电脑定义为部门助理、文员的职责范畴，没有人会意识到它会给整个职场带来怎样的颠覆性改变。学姐在那个时候，比周围很多人提前洞悉到了某些趋势，提前将电脑操作变为自己的优势项目，比同龄人获得了更多的机会，打开了上升通道。

在时机到来前，准备永远不够

做好准备，"稳坐钓鱼台""等风来"，是很多心怀抱负的人等待时机的方法。

姜子牙文韬武略集于一身，做好了充足的准备，只待贤君"愿者上钩"。当贤君来临，便如蛟龙入海，一身才能得到了全部施展，为周天子的 800 年天下夯实地基。

刘备正式称帝，是在汉献帝将帝位禅让于曹丕之后，之前无论群臣怎样劝谏，盟友如何撺掇，都不为所动，以一地诸侯之名立足蜀地。因为他一直打着兴复汉室的旗号，汉献帝一日存在，他便应该心向汉室，矢志不渝。及至汉献帝退出帝位，刘备以为天子报仇的名义，以沉痛之姿登上皇位。过早或过晚都不对，这个时机刚刚好。

当然，还有一种更极致的伺机而动的方式——卧薪尝胆，忍辱负重。

春秋时期，吴王阖闾带兵进攻越国，在战斗中被越国大将砍中右脚，伤重不治而亡。他的儿子夫差继承了他的王位。三年后，夫差为报父仇，带兵攻打越国，一举攻下越国的都城会稽，迫使越王勾践投降。夫差把勾践夫妇押解到吴国，关在阖闾墓旁的石屋里，为他的父亲看墓和养马。这期间，勾践忍受了许多折磨和屈辱，但当时的越国大败，吴国之势如日中天，为了有朝一日能够报国仇雪国耻，他只有刻意隐忍，忍辱负重，不提家仇国恨，甘愿为阖闾守墓，为夫差牵马，甚至在夫差生病的时候尝粪问疾，渐渐打消了夫差的顾忌，同意放他回国。

勾践回国后，日夜操劳，不敢松懈，暗暗积蓄反击的力量。

为了激励自己，他在日常生活里特别定了两条措施：一是"卧薪"，晚上睡觉时不用垫褥，就躺在柴铺上，提醒自己，国耻未报，不能贪图享受；二是"尝胆"，在起居的地方挂着一个苦胆，出门和睡觉前，都拿到嘴里尝一尝，提醒自己不能忘记会稽被俘的耻辱和苦楚。

经过一番周密准备，越国渐渐强大起来。勾践急于报仇雪恨，但他的大臣范蠡极力劝阻，告诉勾践，大丈夫相时而动，毕其功于一役，时机没有成熟，准备不够充分，却轻举妄动，只会离自己的目的越来越远。即使目前越国的国力已与吴国相当，但在对方心怀警惕的前提下，仍然需要隐忍下去。于是，勾践表面仍臣服于吴国，甚至听从范蠡劝说以附属国的姿态向吴国索借粮草，示敌以弱。

机遇出现了，勾践利用夫差北上争霸、国内空虚之机，一举攻入吴国，并杀死了吴国太子，取得了大胜。此后两国争战，勾践不断举兵伐吴。在被围三年后，吴都城破，夫差自杀，吴国败亡。

试想，勾践如果在获得自由的最初，为了一雪前耻，便急不可待地起兵，贸然对抗强大的吴国，后果会如何？不过是重蹈覆辙，甚至比前一次更糟，失败后只会有死路一条。充分准备，等待时机，审时度势，相时而动，是勾践卧薪尝胆之后的制胜法宝。在良机到来前，做多少准备都不够。

第二节　不要错过那些稍纵即逝的"势头"

机会是给有准备的人，但机会不会无限期地为我们准备着。有些商机看似汹涌而来实则稍纵即逝，有些势头看似方兴未艾实则昙花一现。如何抓住好些稍纵即逝的机会，不让某些势头"小荷才露尖尖角"，便只能"留得残荷听雨声"，也是借势思维中需要建立起的一步。

不要错过最佳的入股时刻

红顶商人胡雪岩认为：造势不如乘势。借势而起，借力而发，是成功的捷径。

那些以一己之力摇旗呐喊的孤胆英雄，最终都需要借用更庞大的"势"，才可能找到走向成功的路。就如中华民族的革命先行者们，最初凭一支笔一腔热血和那个腐朽的旧世界战斗，付出了血的代价，直到发现人民的力量。当人民的思想觉醒，形成无可抵挡的汪洋大势之时，那个腐朽的世界便只有走向没落，退出历史的舞台。

借势成事

这处所说的"势"，就是由时、事、人等因素交互作用形成的一种可以助成"毕其功于一役"的合力，而势头，势之头，就是势的初现端倪。我们在评论一个新兴事物的崛起时会说"势头强劲""势头不错""势头正猛"，但也知道这些势头不会一直存在。要么完全消失，要么是演变为常规发展的平淡状态。

当年，互联网进入我们的世界时，很多人都意识到了可能会因为发生的改变，但更多人并没有意识到中间所蕴藏的各种商机。第一、二批开网店的人，都是你我身边那些平平无奇的邻居、朋友、同学，或者仅是说过几句话的熟人。但他们通过网店，从月入数千的工薪阶层变为月入过万、十万甚至百万的网店老板。而之后再踏进这条河流的人，便失去了那股如虎添翼的助势。虽然其中也出现了收入不菲的成功者，但终究错过了最佳的时机。

搭快车，只有第一批跳上快车的人，才会在最短的时间到达目的地。当快车进入常规车道，开始匀速行驶，车上的乘客也摩肩接踵趋于饱和，想再得到首批乘客那种风驰电掣的美好体验几乎不再可能。

错过最佳的入股时刻，就是与成功擦肩而过。时代的红利，是世界为每个普通人准备的礼物，但不是每个人都能在礼物到来的时候张开手指将它抓住。

找到"势头"中借势用力的抓手

在每一个新的势头到来前，会有哪些有迹可遁的预示？

与新的势头相伴而生的，一定有很多新事物：新的行业，新的从业领域，新的社会角色等。还是拿互联网举例，互联网的兴起，催生了多少新的从业领域？第一、二批的新生事物，有网上购物平台、网文连载网站、网页游戏，继而又诞生了各种功能的app：美食外卖app、读书app、聊天交友app……一朝春时至，万物萌动生，需要直觉和知觉上的洞悉，更需要一颗与时俱进、随时可以打开接受新鲜事物的心灵。

当新的势头到来时，一定要多看、多想、多做、多动一份心思，找到那个可以让你借势用力的抓手，抓住蕴藏在其中的商机，不让自己与机会失之交臂。"莫等闲，白了少年头，空悲切"。

第三节　危机可能是转机，劣势也可变优势

工作中，团队的领导者在顺境时经常谈到"居安思危"，逆境时则会告诉大家"危机也会有转机"。事实上，截至目前，我们已经经历了多次的经济寒冬。

经济寒冬中的我们，创业的失败率会提升，工作的失业率会增加，也会面临物价上涨但生活成本不降反升的焦虑。在这种与切身利益息息相关的环境变化中，如何从危机中看到转机，将劣势化为优势？

绝处逢生，危机中的转机

在海底火山喷发口附近，生活着一种微生物，它们不惧高温，以硫酸为生命的能源，令科学家连连惊呼生命的顽强。毕竟，硫酸这种物质，无论是对人类，还是更多的生物（动物、植物），都是一种致命的存在。当一种生物可以将这种致命物质转变为生命的能源时，又如何不值得人类惊叹？

真正的借势高手，一片叶子可以吹出一首悠扬乐曲，一朵

花可以渲染一片春色。在他们眼中，任何一种状况都可以诞生能够借鉴和借用的能量，即使是危机。

　　杰某在经济危机中失业，为了养家糊口，不得不找了一份自己此前从未涉猎的销售工作。雪上加霜的是，他入职的这家公司的市场表现时好时坏，起伏得厉害。上班第一天，老板给新人的见面礼就是："如果你们接下来的三个月里无法让公司的业绩出现逆转，那么你们可能都要回家领失业金了。"

　　在对公司产品突击式的熟悉之后，杰某开始销售公司的产品。他坐飞机前往一家位于外省的客户的总部公司洽谈。行前被上司再三叮嘱：务必让那家公司继续从他们公司进货。被赶鸭子上架的杰某硬着头皮踏上了征程。但是，坏事仿佛全部让他赶上了。途中，飞机的起落架失灵，在空中盘旋了两个小时，还是无法修复，只能实行迫降。一旦迫降失败，最大的可能就是机毁人亡。

　　所幸后来飞机迫降成功，机身受损，但机上的所有人员都安然无恙。飞机的险情引来了这个城市的所有媒体，并进行现场直播，全国的观众都可以看到电视台和网络上的现场画面。当乘客走下飞机的时候，杰某举着一个牌子，引起了很多记者的注意，上写着"××产品感谢全国人民的关心"。所谓"大难不死，必有后福"。这条新闻播出后，几乎所有人都知道了"××产品"，知名度扶摇直上，公司的各种订货渠道均人满为患。

　　杰某回到总部后，受到所有人的欢迎。因为他这个别出心裁的举动，化解了公司面临的市场危机，为自己、为公司赢得了事业的转机，带来了不菲的经济效益。

我们当然不会盼望着自己有朝一日也会面临这种等级的危险，然后从中寻求商机。但在已经面临危机状态的前提下，就不妨学习杰某的"苦中作乐"和"危机中寻找转机"的精神，利用人们对危机的关注度，拿到事业的转折点。所谓"绝处逢生"，如果我们拥有了这种向危机借势的心态，以及临场应对的机智反应，那无论身处什么样的危机，应该都可以做到坦然面对，无畏前行。

创造独属于劣势的优势

科学家认为，一个人 50% 的个性、特质与能力来自基因的遗传，而另外的 50% 则完全取决于后天的创造与发展。这代表每个人都有一些无论如何也无法改变的特质，这些特质原本并没有好坏之分，只是存在于本身。

前面，我们提到过"短板"，代表着我们才识、性格中最薄弱的部分，而劣势不止如此。它所涵盖得更广泛，也更客观。通常，谈到某个人的劣势时，不仅包括其个人特征，还有其所处的环境、所受的教育、所得到的资源、所面临的考验等。

但很多时候，那些原始的基本要素也会成为我们的劣势。我们改变不了本质，但可以将劣势转为优势。

有一个 10 岁的美国小男孩里维，在一次车祸中失去了左臂，但是他很想学柔道。最终，里维拜一位日本柔道大师为师，开始学习柔道。他学得不错，可是练了 5 个月，师傅只教了他一招，里维忍不住问师父："我是不是应该再学学其他招术？"

师父回答说："不错，你的确只会一招，但你只需要会这一招就够了。"里维并不是很明白，但他选择相信师父，于是就持续地练习这一招。几个月后，师傅第一次带里维去参加比赛。里维自己都没有想到居然轻轻松松地赢了前两轮。第三轮稍稍有点艰难，但对手还是很快就变得有些急躁，连连进攻，里维敏捷地施展出自己的那一招，又赢了。

里维迷迷糊糊地进入了决赛。决赛的对手比里维高大、强壮许多，也似乎更有经验。有一度里维显然招架不住，裁判担心里维会受伤，就叫了暂停，还打算就此终止比赛，然而里维的师父不答应，坚持说："继续！"

比赛重新开始后，对手放松了戒备，里维立刻使出他的那招，制伏了对方，由此赢了比赛，得了冠军。回家的路上，里维和师父一起回顾每场比赛的每处细节，鼓起勇气问出了心里的疑问："师父，我怎么就凭一招赢得了冠军？"

师父答："有两个原因：第一，你几乎完全掌握了柔道中最难的一招；第二，就我所知，对付这一招，唯一的办法就是对手抓住你的左臂。"

这位师父很聪明地开发和借助了里维没有左臂的劣势，将之转化为独属于里维的优势，帮助里维获得了成功。

事实上，无论长项还是短板，优势还是劣势，都是相对而言。存在即合理，当我们无法改变某种客观存在的东西时，那就去找到它的价值所在，发挥出独属于劣势的优势，并加以利用，完成一种另类的借势，显然比愤怒更有意义。

第四节　面对转机，考验的是执行能力

人生最伟大的目标是行动。

无论是目标，还是计划，制定出来都不是很难的一件事，难的是落地，是执行，是将目标变为成果，将计划变成现实。

谈梦想时，我们可以坐在草地上仰望星空，说："我想遨游太空。"

论理想时，我们也可以眺望远方，说："我想成为中国的骄傲。"

但是，如果没有计划，没有落实计划的真行实动，一切都是空想。每一个时代变化的风口，都有无数的人希望自己可以借助时代的机遇一飞冲天。但成功者终归是寥寥少数，更多的人只停留在了梦想中。因为，更多的人只是怀有美好的希望，不曾真正付出努力，更没有落实于富有成效的行动。

简而言之，当一场等待已久的转机出现在我们的生命中时，唯一可以抓住它的方法，就是高效的执行能力。

你不伸手，谁也无能为力

无论是转机，还是机遇，都是一种在合适的时间，出现在合适的地点，足以扭转现有局面的便利条件。一旦错开那个时间，离开那个地点，机遇就不再是机遇。

假设，你在飞机上，突然发现一位仰慕已久的成功人士就坐在自己身边，可以是你想象中的任何一个人。如果你想利用这次机会，向对方推荐自己的某些见解和创意，就需要立刻开口攀谈，而不是闷头空想。不然，飞机可能很快就到了目的地，对方走下飞机，你也永远失去这次可能会改变人生轨迹的机遇。

讲一个小故事。

小张毕业后进入了 A 公司市场部，被派到了一个位置比较偏僻的分公司，周围很多同学和朋友表示了同情。但小张很乐观，认为这只是暂时的，凭自己的能力一定会很快调回总部发光发热。

一年后，全公司进行了一次业绩大考核，由于小张所在分公司的市场环境尚处于开发阶段，总公司特地将统一的考核标准为小张下调了 30%，但小张的销售额仍然不够，错失了一次可以调回总部或调任其他地域环境更佳的分部的机会。但小张并没有气馁，他认为自己进入这个行业时间太短，还没有完全适应行业特征，假以时日，一定会做出一番成绩。

三年后，全公司又进行了一次专业能力考核，分书面和实操两类。小张虽然认为自己这几年并没有多少时间用于专业学习，但应付公司考核应该不难。结果，他的综合成绩仍然没有达到考核标准。

很快，半年后，总公司又将所有市场人员召回总部进行培训，并提前告知将根据培训成绩进行重新分配。回到大城市的小张很高兴，白天培训，晚上和同学、朋友小聚，很是乐不思蜀。不久，培训结束，进行了结业考核，小张的成绩又没有达到要求。

这一次，乐观的小张终于破防了，他找到人力资源部理论，认为当年和自己一届入职的很多同事都回到了总公司或调任到其他分部，为什么只有他一次次被刷下来。人力资源部同事按他所说的同届同事姓名，抽出了两份答卷给他。上面的答案和分数，让小张哑口无言。

"你学历好，当时面试时表现也不错，公司是当作重点培养对象之一的，所以每一次考核都会通知你参加。但是，你错过了一次又一次的机会。"人力资源部的同事说，"不是没有机会，是你没有抓住。"

是的，即使是命运想垂青于你，也需要你用实际的行动做出配合，才可以完成一次奇迹。这就像你每天期盼自己能够中500万大奖，至少需要先购买一张彩票。否则，谁也无能为力。

关于执行力，洛克·菲勒曾讲过他年轻时的一件小事：

洛克·菲勒年轻时，曾有过一段游手好闲的时光。这天，他漫无目的地乘坐大巴来到犹他州，在一个农场附近下了车。天黑的时候，洛克·菲勒敲响了农场主人家的门，主人热情地招待了他。第二天，他搭乘着一位农民的牛车，踏上了回纽约州的旅程。

坐在行走的牛车上，洛克·菲勒惬意非常，他觉得自己正与世界和谐相处。赶车的农民打断了他的思绪。"你想去哪儿？"他问。

洛克·菲勒快速用惠特曼的诗来回答："我将去我喜欢去的地方，这漫长的道路将带领我到达我的向往之地。"

农民看着洛克·菲勒，惊讶又愠怒。"难道你想对我说，"他很不满地说，"你甚至没有一个目的地？"

"当然我有目的地，"洛克·菲勒说，"只是它在不断地变……几乎每天都在变。"

农民把车停在路边，命令洛克·菲勒下去。"游手好闲之徒，"他说，"你应当找一份正当的职业，挣钱过日子，而不是这样自以为是地虚度时光，命运永远不会垂青于一个懒惰的人。"说着他驱车离开，留下洛克·菲勒独自一人站在土路上。

这条路的两端都长得看不到尽头。洛克·菲勒试着寻回几分钟前的轻松惬意，却只有席卷全身的失落感。

也许正是那位农民的当头棒喝，洛克·菲勒如梦初醒，开始脚踏实地地工作。他领悟到，游手好闲的自己，永远不会与机会不期而遇。一个人无所事事的人，心境疏松，手脚愈懒，即使蒙天恩赐降临转机，他也很难发现，更别说去抓住，去执行，去实施。

执行力创造奇迹，也造就美谈

"势"有时效，机遇也有保质期。再是如何神奇的转机，一旦不再"保鲜"，也会褪去光环。就算你曾经与世界首富共处一室，如果没有为了赢得对方的欣赏做出任何行动，这段神奇的经历对你来说也毫无价值。相反，如果能够及时与机遇执手相握，人生必然能够迎来另一番气象。

我曾在某次工业展会上采访过一家制造工业涂层的香港企业。

这家企业的海报上，写着"给予'嫦娥四号'宇宙级的防护"。向该企业 CEO 郭总了解过才知道，该企业的王牌产品，曾应用于嫦娥四号，耐低温，防开裂，高附着性，高黏结力，并经得起温暖带来的考验。"嫦娥四号"的顺风车，让这家公司的涂层当年的销售额超过过去五年的总和。甚至在 2020 年至 2023 年特殊期间，也出现了销售高峰。那段时间里，大家都出行不便，用户甚至愿意花更多的物流费用购买，只想让自己的产品与嫦娥四号用到同一款涂层，感受顶级防护带来的高级体验。

"毫不讳言，我们就是在蹭'嫦娥四号'的热度。但为什么不蹭呢？我们的确拿出了过硬的产品，我们甚至得到了一份月壤。现在这份月壤跟随我转战各地，为我站台助威，也成为我们公司随时可以炫耀的资本。"郭总自豪地说，"想让你的产品享受到与'嫦娥四号'同一等级的防护吗？找我们吧。"

看吧，执行力是多么可贵的品质，它可以将一家地面上的产品直接与太空联结，使应用于航空航天领域的产品简介，不再只是一句停留在书面介绍中的空谈。

只有想不到，没有做不到，"临渊羡鱼，不如退而结网"，一场成功借势，一定是从执行开始。停止空想，行动起来吧。

第四章　借题发挥，因势利导

　　巧妙地利用对方提出的论点或情境，顺势推出自己的论点或主张，使自己的观点更具说服力，这便是借题发挥。进而顺应事物的自然规律和形势变化，通过合理的引导和管理，使事物向有利于自己的方向发展，达到预期的目标，这就是因势利导。

第一节　选择好借势的时机和目标

我们常说"时势造英雄"，也会说某个人的出现或某件事的发生"恰逢其时"。很多事情就是如此，太早会过于仓促，太迟则贻误战机，不早不晚，刚刚好。

如果我们正在面临一项凭一己之力无法完成的工作，对于借势有着非常清晰的认知，对借势的目标已经选择完毕，也需要将借势的时机拿捏精准，因为失之毫厘谬以千里。

时机为什么那么重要

试想，我们想交好一位业界的资深前辈，此前多番打听，了解到对方嗜爱鲜花。于是购买了由多种美丽花朵组成的花束上门探望，但不巧的是，对方此刻患上了呼吸道疾病，按医嘱需要远离味道浓郁的鲜花。此时，你的投其所好，就变成了弄巧成拙。就因为你选择了一个错误的时机，从而与亟欲交好的珍贵人脉失之交臂。

再想，部门里迎来了一位总部委派的总监，你手里正好有一项工作，进展到了需要总监级的人物出面与客户同等级领导交涉的阶段。显然，你需要寻求这位新领导的帮助。你打听到对方是一位专业的职业经理人，工作时间只说工作，不喜欢牵涉任何私人话题。你认为这一次求助必然十拿九稳，毕竟你上门请托的就是工作。但坐在办公室中正在翻看大量资料的新总监拒绝了你。为什么？总监给出的理由是你还没有尽全力。

如果这位总监是一位在职已久的总监，必定会了解到你为这项工作付出了怎样的努力，或进展到了怎样的关键环节。但问题是新总监初来乍到，还在依靠资料熟悉各项事务的阶段，你上门求助，对方很难界定你的动机：对新上司权威的挑战？还是对新上司能力的考验？或者，新总监仅是考虑到自己对于本部门的情况还没有完全熟悉，不适合与客户贸然接洽。总之，就是时机不对。

张爱玲说"于千万年之中，时间的无涯的荒野里，没有早一步，也没有晚一步，刚巧赶上了"，是的，刚巧。无论我们为哪个项目的运作付出了怎样的努力，投入多少心血，如果错过了最佳时机，都可能错失最后的收益。

张某是一位营销高手，一直以来深受领导器重。但最近，他带领的小组面临着一个难题：自己负责的那个方案在推进中，与另一个小组同事的案子出现了重叠。如果这么进行下去，不但会造成公司资源的浪费，还可能造成内部员工打架的局面。但也不可能就此放弃，毕竟前期的投入也不是一笔小数。

他与那位同事协商，将重叠部分拿来给自己，或者自己转让给对方，作为已完成部分的回报，接受的一方可适当转让出一些资源。那位同事犹豫不决，既想要张某的完成度，又不想付出资源。张某深知方案正推进到关键环节，再拖延下去两个小组都将面临损失，主动找到部门的总监，请他出面主持两个方案的切割过程。但那位同事认为他是在给自己"上眼药"，以见客户之名拒绝参与这次调解。

张某无奈，方案是有季节性的，一旦错过就可能满盘皆输，部门总监建议他主动让出重叠部分的执行权，并给出一个补偿方案。张某稍加评估便接受了建议，全力投入了下一环节的运作。因为他的当断则断，及时抓住了时机，虽然方案的执行结果与他所想达到的目标有一些出入，但至少客户满意，市场反响也不错。

但与他这个小组情形相反的是，那位以见客户为由没有参与调解的同事，因为没有第一时间了解事情的进展，依然做着一些重复性工作，在拿到张某的完成度后，又不甘放弃自己已经完成的部分，在纠结和摇摆中反而将进度延后，未能及时抓住最后的黄金期。

上面的案例中，张某最初寻求的是一次彼此支持的借势，但对方没有配合之后，又转而借领导的权威解决问题，掌握住了时机。同事患得患失，犹豫不决，最终错失最佳时期。时间不等人，时机更不可能随时为你待命，在这一刻，选择大于努力。

精准选择借势目标，避免无效社交

首先强调，此处的"借势目标"，指的不是通过借势需要达成的目标，而是被我们借势的目标，即借势对象。借势目标的正确与否有多关键？一个正确的借势目标，不但会提升你的认知，还会成为你工作或事业上的助力；不但能借你一时之势，还会让你一生都从中获益。

在电视剧《流金岁月》中，小姨告诉南孙："你年轻，要和优秀的人一起做事，学会他们的工作方法、待人处世，比赚多少钱的薪水有用。"准确来说，在年轻的时候，尽量选择与比自己优秀的人共事，可以学习，可以模仿，可以借鉴，可以复制。

当然，优秀这个形容词太过宽泛。我们可以理解为那些身上有我们所向往又不具备的优异素质的人。可以是谈吐，可以是学识，可以是行业经验，也可以是卓越的执行力。知道自己需要什么，找到自己需要什么，进而学习自己需要的。

如果你社交能力突出，便没有必要把观察和学习的时间浪费在长袖善舞的同事身上；如果你想戒绝自己习惯性的迟到行为，那就走近行事雷厉风行的伙伴，多看、多记，多接受对立的影响力。实则就是"缺什么，补什么"。

在前文中，曾提到了一个为提升英语口语对话能力邀请擅长口语的同事坐顺风车的真实案例，其实便属于主人公对借势目标的精准选择。下面的案例，则可以让这种选择变得更加直观。

方某一直很清楚，他如果想在职场获得更大发展，首先需要克服自己的拖延症。他被很多朋友、同事甚至客户戏称"拖延症重症患者""拖延症晚期"。如果不是他的策划能力实在出色，在业界打出了名声，估计已经被现在的公司开除无数次了。

有一位很欣赏他的领导曾说："你策划能力优异，所以大家现在可以忍受你的拖延症。但如果有一天出现一个能力和你不相上下，但不拖延不迟到的人，你想公司会选择谁？虽然现在客户可以将'拖延症'调侃成你的特色，但你真的耽搁了人家的大事，没有人会善罢甘休，长点心吧。"

方某何尝不知道这个道理呢？但拖延症能够成为现在的都市病之一，就是因为它没有道理可讲的干涉能量。所有具备拖延习惯的人，都经历过：明明知道该放下手机了，但就是想打完这一盘游戏；明明知道该出发了，但就是出不了门；明明知道……但就是……

为了改变，方某报过课程，查过资料，用了很多方法，也听了很多指导，但始终见效甚微。直到，他遇到了高经理。

高经理是新上任的行政部经理，主要职责是作好各部门的支持工作，经常配合方某做活动现场的布置和后勤服务。他在与方某共事中，发现了对方的问题，为了确保工作能够如期完成，每次两人合作，他都留出余量。比如早上九点集合，他会告诉方某早上八点见；方某说最晚下周三前交付，他周一就交活儿，催着对方过来查漏补缺。

方某被高经理各种催，有点火大，气得叫他"催经理"，甚至每次只要听到高经理的声音，就下意识地想站起来赶紧跑。但他很快发现，自从和高经理打配合，他被人调侃"拖延症晚期患者"的次数正在递减。他灵机一动，找到公司老总，申请把高经理调到自己的部门。老总听完他的理由，欣然同意，没过多久，高经理就从行政部经理变成了市场总监的副手。

从此，公司所有人每天最喜欢看到一个场景：高经理追在方某身后，嘴里反复提醒着某件事，有时候甚至是直接拉着他往外走。如果反复提醒无果，高经理还会打开电脑自己上手。他常挂在嘴边的一句话："我做不好，难道还做不坏吗？反正结果是你担着，不怕损坏自己的名声就赶紧抢过去接手，不抢就接受我做的！"

方某能怎么办？把电脑抢过去自己做呗。不知从什么时候开始，方某在业界打下的"拖延症重症患者"称号开始隐退，取而代之的是"方某怎么变得这么勤劳？孩子长大了"之类的调侃。

由此可见，想精准借势，需要对症下药，才能药到病除。

社交场合，之所以会有"无效社交"的说法，就是因为有太多人把时间浪费在那些会对自己造成打扰的事情上。如何避免打扰？第一步，从了解自己的需求开始；第二步，聚焦能量，精准锁定。当人们一旦被那些无法给自己的精神、感情、工作、生活带来任何愉悦感和进步的社交活动消耗了大量的能量时，的确很难再有精力找到可以帮助自己获得进益的灵魂伙伴。所以，杜绝无效社交，从精准选择社交目标开始。

第二节　借一时之势，终身受益

上一节中，我们说到了一个正确的借势目标，不但能借你一时之势，还会让你一生都从中获益。一时之势，成就的是当下之事；终身受益，则可能成就为之拼搏一生的事业。

一句话，改变一生

台湾省作家林清玄在读高中二年级时，学业和操行都是学校的劣等，记了两次小过，两次大过，因而被留校察看，甚至被赶出了学校的学生宿舍。许多老师对他已不抱任何希望，但他的语文老师王雨苍却没有嫌弃他，常把他带到家里吃饭，有事请假时，还让他给同学们上语文课。

王老师告诉他："我教了50年书，一眼就看出你是个能成大器的学生。"

这句话让林清玄深受感动。为了不辜负老师，他从此发奋努力，人生发生了质的改变。

巧合的是，几年后，已经做了记者的林清玄，在写一篇报道小偷作案的文章时，有感于小偷思维之缜密，作案手法之细腻，情不自禁地在文章最后发出感叹："像思维如此缜密，手法那么灵巧，风格这样独特的小偷，做任何一行都会有成就的！"

他不曾想到，这脱口而出的一句话，竟影响了一个青年的一生。

20 年后，那名小偷已经脱胎换骨，重新做人，成了一位小有名气的企业家。

在一次与林清玄的邂逅中，这位老板诚挚地对林清玄说："林先生写的那篇特稿，点亮了我生活的盲点，它使我想到，除了做小偷，我还可以做正经事。"

良言一句三冬暖。王老师的话可能是有心为之，林清玄的话也许是无心之语，但都为一个处于迷茫或人生困局中的人点亮了人生的明灯。一句话，改变了一个人的一生。

一件事，受益终身

幼时顽劣厌学的李白会因为一位矢志于"磨杵成针"的老奶奶，从顽童变为神童，进而成为青史留名的诗仙；出身贫寒的高斯会因为老师对自己数学天赋的肯定，对数学始终保持高度的热情，从而成长为"数学王子"。事情的价值，不在于其宏大与否，而在于其所产生的动机是否足以影响到他人。

现在事业有成的阿青曾经是一个敏感自卑的人，从小最喜欢看迪士尼的公主系列，总幻想有一天会有一位王子出现在自己身边，拯救自己于水火。她在第二份工作中，遇到了影响她

借势成事

一生的贵人。

有一次，阿青因为失恋哭肿了眼，第二天上班的时候，女老总关心询问，阿青起初埋头不语。

女老总请她出去喝咖啡。多年后，阿青仍然记得那天的午后从窗口投进来的阳光。在那个午后，她完成了人生的第一次意识提升。

那天，一杯咖啡过后，阿青情不自禁地开始了倾诉，并在最后强调了一句"男人果然都靠不住"。女老总不紧不慢地抿了口咖啡，问："为什么你要靠别人呢？不能让别人靠你吗？"阿青愣住了。

虽然，现在我们可以在网络上看到满屏的心灵鸡汤或大女主式发言，但在网络还没有那么普及的 2005 年，阿青更多的认知来自于从小到大看到的书籍和受到的教育，那是她生平第一次听见这种角度的见解。

女老总还告诉她："那些灰姑娘、白马王子的西式童话，看上去是在造梦，实际上就是在造梦。连昏睡过去，都需要王子吻一下才能苏醒，基本就是无药可救吧？你可别傻乎乎地等着别人拯救，现实中可没有那么多喜欢废物的王子！"

现在的阿青，有学习力，有执行力，有进取心，有借势的觉悟，也有被借的度量，这些事业素质的养成，一半来自于那一天午后与女老总的那一次闲谈。一件事，直接决定了她的人生基调，成为一生都受益的养分。

第三节　是顺应趋势，还是引领趋势

察势者明，趋势者智。今天，我们在谈论"市场发展趋势""市场新兴趋势"时，也有很多人在思考一个问题：面对趋势，我们是该顺应其发展，还是引领其演变？毕竟，只有清楚了这一点，才能够确定我们需要如何借势：是顺应现在之势，还是引领未来之势，抑或两者兼而有之？

顺应趋势，是为了掌控当下

顺应趋势，意味着企业或个人能够更好地把握市场机遇，降低风险，并提高资源利用的效率。如果你是一位创业者，你带领团队前进时，洞悉到了市场趋势，便可以顺应市场发展，推出满足市场需求的产品或服务。

随着贵州顺应发展趋势，加速推进大数据与实体经济的融合，更多的共享平台悄然诞生。

在贵阳市一家致力于实现"绿植共享"的科技企业正在快速成长。2017 年，从事了 10 余年金融服务和园林绿化工作的刘某，看准家庭绿植市场，希望通过共享形式及"一站式"售后服务，让绿色植物更加轻松地进入千家万户。

"很多家庭不是不需要绿植，而是购买绿植的过程实在太折腾。"刘某说，过去人们购买绿植花卉，需要去到花鸟市场分别购买植物和花盆，再请专门的车辆运送到家，不仅费时费力，后期的养护及花盆处理也是大问题。"改变即是商机。为了让消费者能够更加轻松便捷地获得自己喜爱的绿植，刘某和他的团队经过半年的考察和调研，最终打造了"宝盆绿植"共享平台。

在该平台上，用户只需以低于市场价数倍的共享价格购买，就会有专业的配送人员将绿植配送入户。同时，公司还根据用户购买的不同绿植种类，定期推送养护知识及24小时养护咨询。此外，平台还开通了花盆回收业务，形成了完善的绿植产业生态闭环。

上面案例中的主人公，均能顺应趋势，掌控当下，精准把握市场脉搏，故而能够在大时代的红利中分一杯羹，成为数字经济的受益者。

引领趋势，是为了掌握未来

引领趋势意味着企业需要具备前瞻性和创新能力，能够预测并塑造市场的发展方向，不断创新和突破，从而掌握未来，引领行业发展，占据市场高地。

以现在大势的人工智能（AI）为例，其已经成为我们日常生活和工作中不可或缺的一部分，随着数据的爆炸性增长和计算能力的提升，AI 技术正在越来越广泛地应用于医疗、金融、交通、教育等领域，带来创新价值。

王总的工厂主产工业母机和以加工航空零件为主的工业刀具，一直以"工业兴国"为最高愿景，每一款产品的更新都是为了满足用户日新月异的加工需求。

三年前，王总走到了事业的分岔口：面对越来越复杂的加工场景，公司该何去何从？坚持以前的生产路线，更新设备和技术，提高生产效率？还是引进更先进的生产线，满足未来的市场需求？

两条路，各有千秋：第一条，更新设备，提升技术，生产效率会得到明显提高，效益的增长也会立竿见影，但很快又会面临技术迭代的困扰；第二条，暂时见不到明显的效益增长，甚至还需要更大的投入，但可以走在行业前端，成为最新应用领域的引领者。

经过王总和团队成员几个通宵达旦的会议，最终拍板：既然我们的最高愿景是"工业兴国"，那就要走在时代前沿，引进 AI 生产线，实现全自动化无人车间的目标。

这个决定，在当时不得不说有点冒险，很多同行并不看好，也有劝阻的声音传到王总的耳中。"我们为了在未来有更多的主动权，已经放弃了眼前的大部分利益，这也是在为友商铺路，希望大家抓住这个机会。"他对前来采访的媒体说。

经过三年的发展，王总的全自动化无人车间已经正式投产，无论是生产效率还是产品的稳定性，都远非之前人工生产线能相比。"没有人工的介入，产品品质的稳定性明显提升，我们之前虽然想到了这一点，但没有料到会这么高，产品出厂合格率高达 99.5%。"

引领趋势的企业通常能够在市场上占据领先地位，获得更高的利润和市场份额。当然，引领趋势也意味着企业需要接受更加严峻的挑战，如果在投入大量的资源和时间进行研发和创新后，并未取得预期效果，将会面临来自市场的风险考验。这一点，也必须列入考虑范畴。

是顺应？还是引领？

无论企业是想把握当下，还是掌控明天，均取决于自身的发展需求。而发展需求的确定，来自于企业的发展现状，以及企业的整体目标。

一家企业选择顺应趋势还是引领趋势，能够作决定的只是企业需求衍生出的企业意志，以及市场环境的变化所引发的行业更新状态。

企业如此，个人亦然。身处职场，我们所做的每一个决定，无论是顺应时势做出的所谓"妥协"，还是为了掌握主动进行的立新求变，都应该来自于我们对自身职业前景的规划需求和对事业发展脉络的清晰整理。不管是入职一家新公司，还是开始一段全新的事业，均是为了"更"好借势，以及借到更"好"的势，从而使自己变得更好。因此，如果发现自己做出的最新决定与这一点相悖时，那便需要重新整理思路，以明晰的思维再一次审时度势，做出最合乎自身利益的应对和调整。

第四节　借势也要留出余地

首先要强调的是，向人借势，很有可能会以失败告终，甚至会因为借势引发不同的危机。这就像任何行为都会存在变数，既在情理之中，也应该在意料之内。

"早知道，我就不找你了""没想到，你也不过如此""好吧，我高估你了"……面对失败，如果我们的嘴里冒出来这一类的话，会希望得到什么样的反馈？

很明显，我们正在将失败的责任归咎于他人，这是一个失败者所能做出的最差的反应。而对方无论对这些话做出怎样的应对，都改变不了我们在失败之后又失去伙伴的事实。

借势莫得意，得到要珍惜

说到为什么要借势，很多人都可以讲得头头是道；如何将借来的势效果最大化，也有人能够侃侃而谈。但是，对于借势后的合理利用，珍惜使用，应该很少有人做过系统的思考。毕竟有人会认为：借都借了，既然借到手了，当然是想怎么用就怎么用。

所有命运的馈赠，都在暗中标好了价格。同理，我们得到的所有助力，也不会是无偿使用的。前文已经讨论过"有借有还，再借不难"，强调的是"借"与"被借"之间的回馈，主打营造氛围良好的社交网络。本节重点探讨的，则是如何让借到手里的"势"得到珍惜和尊重。

米某曾担任某公司 CEO，在职期间，逢年过节手机里都会收到难以计数的祝福短信，现实中也会收到礼物和贺卡。可是，当他因为某些原因卸任之后，整个春节，手机都安静得如同设了静音。对此，米某是有些失落的，虽然很清楚这种现象非常正常，但一时之间还是很难适应这种判若云泥的落差。

这个时候，以前的助理成某带着礼物前来拜访。以前，他对成某的要求很严格，在旁观者的眼里，他对成某并不好。他以为成某也是这么认为的，但成某表示自己从他身上学到了很多东西，得到了很多启发，一直将他视为自己的引路人。

不久，米某之前的卸任原因调查清楚了，总公司的大股东亲自邀请他再次出山。米某重新上任后，得到了更多的决策权限。成某当时已经被调任分公司做了一个销售部小组的组长。他上任后的第一项人事任命，就是将成某升任总部的市场部主管。原来早在一开始，他就是把成某作为未来的市场总监来培养的。

成某的工作态度仍然一如既往地认真，没有因为 CEO 对自己的重用就得意忘形，也从来没有提起自己对处在低谷期的上司的那次探望。米某对这样的成某非常欣赏，认为以他的能力和格局应该有更大的发展。于是把他重新调回身边担任助理，全力培养其管理才能。

几年后，米某要去国外发展，公司几位大股东就 CEO 的接任人选咨询他的意见，他大力推荐成某，认为现在的成某各方面都足以被委以重任。几位大股东经过考察，对成某的人品和才能也感觉满意，在米某正式离职后，任命成某接任了他的 CEO 职位。

上面案例中，米某和成某无疑属于"双向奔赴"。成某对米某的培养提携感激在心，即使米某卸任，也心怀感恩地前往探望，在米某复职高升后也一如既往。米某可以说是在心情最失落的时候，被成某的感恩给治愈了。他欣赏对方始终如一的真诚和宠辱不惊的格局，所以愿意加大培养力度，给予更多的成长机会。两个人都对借来的"势"做到了充分的珍惜和尊重，成就了一段职场佳话。

借势要有余地，失败也需要风度

借势之后，我们可以尽己所能地使借来的势发挥出最大的成效。但在借的过程中，切忌毫无限制地索取对方的价值，为自己留出余地，也为彼此的关系留出更多的成长空间。如果可以，请一定要对那些一直借势给你的人给予实质的回馈。

李某在上海一家大型销售公司任部门主管，强将手下无弱兵，他的下属也全都是销售高手，每个人都能超量完成公司制定的个人指标。这样一来，根据公司的奖励机制，每年年终，他的部门都能拿到一笔丰厚的红利。

开始的时候，李某和自己的下属将这笔钱分配了事，每个人拿着近十万的红包过一个好年。后来，李某觉得就这样分了有点过于草率，认为这笔钱还能派上更大的用场。

他左思右想，突然意识到了一个很重要的问题，立刻召集团队成员开会讨论。他问自己的下属："大家觉得我们的销售业绩好，是什么原因？"

下属纷纷表态，有的说是团队成员都爱岗敬业，有的说是产品品质过硬有市场，有的说是公司广告推流推得精妙。李某问大家："难道我们的客户就一点功劳也没有？很显然，业务主要是我们去跑，可是单子能不能签下来，还得客户说了算。我们的业绩越好，就说明客户为我们提供的帮助越大。我们拿到红利的时候，怎么能忘了他们的帮助呢？"

很快，下属们都意识到了这个问题。确实，单子越多，成交量越大，他们拿到的红利越丰厚，意味着客户给予他们的助力越大。尽管他们和客户各得其所，各获其利，但显然客户也可以有别的选择。既然客户那么坚定地选择了他们，这份助力就不应该被忽略。

李某对大家说："每年我们都能拿到这么多红利，最应该感谢的就是客户。因此我提议，我们从拿到的这笔红利中分出一部分返给客户。一来表示感谢，二来巩固合作关系，为来年的互相支持开启一个良好的序幕。"

大家一致表示同意。第二年他们拿到了百万红利，从中拿出近三分之二，以红包和礼品的形式回馈给了那些客户经理。通过这样的举措，李某的团队与客户经理们建立起了更加密切的合作关系。客户经理不仅继续将本公司的业务委托给李某团队，还主动为他们介绍其他优质客户。

将自己获得的利益，慷慨与对方分享。此处的余地，就是感恩之心的载体，给彼此的关系留出了一定的巩固空间，也意味着我们为自己的未来留出了更多的成长空间。

同时还要记住，借势的确是一种非常高效的成事方式，但它不是能够点石成金的神仙手指，请允许它存在难以预测的变数，在执行的那一刻就有失败的可能。借势，有时也需要借失败之势。

在很多时候，我们需要将"允许失败"当作工作程序的一部分。学会接纳伙伴或下属非主观意愿造成的失误。即使面对下属，也请不要口出恶言，允许下属在错误中学习，从失败中获得成长。我们还可以和下属一起探讨，剖析失败原因，找到问题症结所在，使自己也能获得突破的契机。

第五章　借风使船，无势造势

庄子曰："风之积也不厚，则其负大翼也无力。"如果风聚积的力量不雄厚，它便无法托起巨大的翅膀。风向哪里吹，我们便将船往哪里行。船不动时又将如何？可以等风来，也可以制造风势。有势之时便借势，无势之时便造势。当有势借不得、无势造不成时，那便让自己进入积极的、有准备的蛰伏时期，韬光养晦，蓄势待发。

第一节 将借势融入工作中的方方面面

我们身处职场，无论从事的是日常的事务性工作，还是销售类、营销类、设计类等不同方向的职业岗位，都无法避免与人交流，和同事相处，与领导接洽。效果是检验成果的唯一标准，为了使每一项工作都能达到最好的效果，我们大可在借势思维的引导之下，让借势融入工作中的每一环节。无处不可借，无时不可借，方方面面，面面俱到。

向同事借势

在职场，如果说谁与我们相处的时间最多，莫过于同一部门的同事。大家身处在一个团队中，坐在一个空间里，朝夕相处，低头不见抬头见。能否从同事处得到良好的助益，直接关系到我们职场环境的品质。

如何向同事借势？为了练习口语，邀请擅长口语的同事同车回家是借势；为了做一份漂亮的方案，邀请擅长制作PPT的同事加入项目小组也是借势。我们需要知道，不是工作中出现难题的时候才需要借势，而是所有的工作，无论难易，都可以邀请同事一起完成。这是一个互动的过程，也是一个为今后更多更重要的借势动作得以实现的提前预演，更是养成借势思维不可或缺的一步。

客户打来电话，邀请你参加其他品牌的发布会。你完全可以向身边的同事也发出邀请，一起参与。你借同事的同行，可以多多少少地避免与客户单独相处的尴尬，也可以借此机会与同事建立紧密联系，为之后工作中的配合打下合作基础。

你正在制作一份部门报表，在制作过程中对某些数据产生质疑，可以邀请擅长分析的同事参与进来，作为回馈，你则可以在自己擅长的项目上向对方提供帮助。

无论是什么样的情境，都需要借势的一方主动走出第一步。当然，当别人发出工作范围内的求助信号时，也不要吝啬自己的才能。借势，也可以先从被借开始。

向团队借势

团队是职场中人的必备平台，也是最便捷的求助目标。毕竟，团队中有上司、有同事，还可能有下属。向团队借势，意味着全面开花，无处不借。

徐某是某家房地产销售门店的店长，每个月的业绩都比其它门店高出 30% ~ 50%。论经验，他从做销售到担任店长前后不过三年时间，公司比他资深的员工大有人在；论客户资源，既然工作时间短，自然无法和那些资深店长相比，甚至比不上一位资深销售员。

为了满足大家的好奇心，也为了复制经验，总公司领导请他在公司培训会上公开演讲，传授心得。答案很简单，因为徐某动用了团队作战的力量。他升任店长后，经常和团队成员吃饭聊天，从而掌握了每一位成员的特长和能力，并制定了一套团队作战策略。

王某入职时间长，客户资源多，负责联系客户，并向团队成员提供客户信息；大周擅长交际，表达能力突出，负责接待客户；何某细心周到，负责准备合同，并与客户进行售后沟通，整理客户反馈意见，找出团队中的薄弱环节；张某善于挖掘别人的优势，学习能力不错，负责新成员的培训，并随时帮助大家查漏补缺；徐某本人作为店长，随时待命，为所有成员提供支持。

就是这样，徐某利用团队中成员的优势，各取所长，充分发挥，从而使门店的销售额成为公司第一。

在这个案例中，团队的领导者向团队成员借势，团队成员之间彼此借势，团队向每一个成员借势，每一个成员又向团队的领导者借势，由此形成了一个借势的闭环，而这也正是职场借势的鲜明特征。工作中的方方面面，事务中的各个环节，处处可借，时时可借，运用得法，妙用无穷。

向竞争对手借势

下面这个故事的主人公，则是充分借用了对手的名气，带领自家企业进入了另一个发展阶段，走上了成功之路。

20世纪50年代，推销员乔治·约翰逊创办了约翰逊黑人化妆品公司。当时的美国黑人化妆品市场基本上被佛雷化妆品公司所独霸。

约翰逊想独占美国黑人化妆品市场，可是在他前面有一个巨大障碍，那就是佛雷公司，当时的乔治·约翰逊公司只有500元资产，3名员工，根本无法和霸主佛雷化妆品公司竞争。他集中全力研制的"粉质化妆膏"迟迟无法打开市场，虽然做过广告，但效果并不明显。

乔治·约翰逊经过认真思考，在广告中这样宣传："当你用过佛雷公司的产品化妆之后，再擦上一次约翰逊的粉质膏，将会收到意想不到的效果。"

公司同事对乔治·约翰逊的这种宣传方式颇有异议，埋怨他在给佛雷公司做广告。约翰逊则不以为然地笑着说："正是因为他们的名气大，我们才需要借势……佛雷公司的化妆品享有盛名，如果我们的产品能和它的名字一同出现，表面上我们是帮佛雷公司做广告，实际上却抬高了我们自己的身份，提高了我们产品的声望啊。"

当自己处于弱势时，任何动作都不足以引起行业注目。一个强大的对手，本身便聚集了行业的注意力，如果这个时候我们运用某些方法，让自己的名字和强大的对手名字出现在一起时，就一定会有一波引流，为自己制造出具有讨论价值的话题。

第二节　必要时，利用外力造势

有势之时，自然可以借势；无势之时，便需要造势。实质来说，一个人从识势、求势到借势，就是一个主动积极的造势过程。必要的时候，还需要利用我们周边的所有外力，为自己制造可借之势。

华丽地闹，可劲儿地造

关于造势，刘备深谙其道。

孙权假意要把妹妹孙尚香嫁给刘备，邀请对方前来南徐迎娶，目的只是为了乘机将他扣下来换取荆州。刘备却将计就计，巧妙地借势造势，化解了这场危机。

刘备来到南徐之后，作为客人，并没有被动地接受主人的安排，而是反客为主，命令赵云和兵士披红挂彩，一路吹吹打打、热热闹闹地进城，营造出一种办喜事娶新娘的喜庆声势，引得路人围观。

这一举动迅速在城内引起了轰动，街头巷尾议论纷纷，甚至连吴国太和乔国丈都被惊动了。一时之间，皇叔刘备即将迎娶东吴女孙尚香的消息传遍了整个南徐城。

孙权嫁妹，原本只是虚张声势。刘备的将计就计、借机造势却让他的算计落空。在各种因素的推动之下，孙权骑虎难下，不得不假戏真做，把妹妹嫁给了刘备。

架起来在火上烤，形容的就是一种把人置于进退两难境地的做法。刘备主动造势，将孙权架在了火上，使对方不得不屈从于自己的意志。如此造势，让刘备成为江东女婿，抱得美人归，成为公私兼顾的赢家。

战国时期，齐国田文原本是一个衣食无忧的财主，却想在仕途上获得一番成就，于是广招门客，达三千之众，锦衣玉食地供养在家中。田文亲人对其做法表示费解："为何要用家中的财富供应这些并无大用的人？这些人并非个个才华横溢，这种投入是否值得？"

田文回道："你的目光太短浅了，哪里看得到我的苦恼呢？我家财万贯，富甲一方，可这一切又如何靠得住？如果没有势，没有更多的人相助，地位早晚不保，更不能得到真正的尊贵。现在仅仅是费些钱财，便能赢得声势，于人于己都有利，何乐而不为？"

不久，田文爱才之名远播四方，连齐王也听到了他的名声，了解了他的事迹。开始有人建议齐王给予田文以重任。起初齐王并未应允，然而，随着田文的门客越来越多，声势也越来越大，便有越来越多的人加入了劝谏。"国家有贤才而不用，受害的是国家。如今天下纷争，大王如果不能重用贤能，于国不利。"

齐王最终决定启用田文，甚至在确定对方当真具有出色的才能后，任命其为相，成为众臣之首。田文造势成功，如愿以偿。

造势的前提，一定是基于造势者对于自身的清醒认知。田文想投身仕途，是因为认定自己具有从政的能力，只是碍于出身不得其门，既无势，只得自造其势。但如果他本身名不副实，即便在造势之下被齐王招揽到近前，也很快会被淘汰，甚至惹祸上身。

必要时，也可以虚张声势

在大家既定的概念中，认为我们要造的势，一定是"实势"，其实不然。某些特定的情况下，虚晃一枪、迷惑竞争对手的"虚势"也不乏成功的案例。所谓声东击西，将真实的目的隐藏于虚张声势的表象之下，时机成熟时才隆重登场，出其不意，进而可以出奇制胜。

弗雷德·罗杰斯是新泽西州某个皮革公司的销售经理。公司某新产品即将上市，这是一种加工成带状的皮革制品。他访问一个顾客，问："你认为这产品如何？"

顾客表示非常喜欢，但认为价格非常荒谬。

"您告诉我，"弗雷德·罗杰斯说，"您是一个有贸易经验的人，您比很多人都懂得皮革和兽皮，您猜想它的成本是多少？"

那人受了奉承很高兴，回答他说可能是 45 美分一码。

"您说得对！"弗雷德·罗杰斯用惊奇的眼光看着他，"这怎么可能？您是怎样猜到的？"然后，弗雷德·罗杰斯以 45

美分一码的价格获得了他的订货和随后的重复订货，双方对事情的结果都很满意。

弗雷德·罗杰斯绝对不会告诉对方，公司最初给产品的定价是 39 美分一码。

介绍价格的时候，必须让别人认为价格比较低；介绍好处的时候，必须让对方认为得到的好处比较多。两者可以交互利用，互作掩护，还可以推开价格，在时间上延伸。

2000 年，中国彩电价格大战，某彩电企业一方面积极进行价格大战，另一方面声东击西，加大了该彩电企业彩电的宣传。该彩电企业对应价格战是虚，先竞争对手一步推出新技术彩电才是实。简单地说，就是无中生有，将竞争对手引向另一个赛道，从而让真正的目标躲过围追堵截，成功占得市场先机。

立势制事，创造势能

势能，仿若转圆石于千仞之山，而主动权则是高屋建瓴，势如破竹。

决策者有决策者的势，执行者有执行者的势，而造势者之所以造势，很大可能是无势可用。为行事而立势，为成事而造势。创造势能，掌握主动权，使势能为自己所用。

秦孝公决策变法，商鞅负责落实执行。

商鞅做的第一件事，是在城门口放了一根木头，城墙上贴着一张法令，有兵士当众宣读：谁能将木头转移到指定地点，便能获得一锭赏金。

最初，百姓们只围观不行动，很难相信发布者会兑现承诺。

直到第一个人走了出来，将木头搬到了目的地，获得了法令所规定的赏金。

这就是徙木立信，商鞅变法的开端，也是一次造势行动。以将一根木头从这头搬到那边这种任何一个健康成年男子都能做到的事，换取重金，是为了取人心，让百姓看到法令的公信力，从而可以对之后发布的所有法令都做到令行禁止，为变法的推行造足了势，作足了铺垫。

今时今日，我们无从确定第一位上前搬木头的人是否是商鞅安排的"托儿"，但不能否认这是一个良好的开始，是大秦帝国走向强盛的鲜明符号。在这个案例中，变法是一件事，但分两步执行：第一步，徙木立信，创造信任之势；第二步，颁布法令，创造推动变法之势。立信是为了立法，层层推进，造势成势，变法之势演变为变法之事，势成则事成。

按照我们现代人的理解，商鞅的思考逻辑应该是这样的：我要实施变法，就得先顺民心，为了顺民心，我得先造势。如何造势呢？做一场事件营销，博得一波关注。随着事件的传播，话题的延续，为之后颁布真正的法令创造了舆论传播的条件。

分步骤、分阶段，整体思考，分步实现。无论你是领导，还是下属，做事都要考虑周全，要有全局观，要讲阶段论，用全局视野规划各个阶段。每个阶段内需要付诸多少行动，每个行动分为几个步骤，积累步骤实现行动，积累行动完成阶段目标，积累阶段目标实现全局目标。这个过程，就是为自己营造势能成就事业的过程。

情理之中，意料之外

用来造势的热点，不能过于生僻，也不能太过抽象，更不能太有难度。

首先，必须要用小事。必须是常人可以轻易完成的小事，不需要任何专业的技能，没有难度。也就是说，任务不拒绝任何人，只要有被拒绝的人，适用范围就会缩小，公信力也将大打折扣。商鞅的任务就是搬动一根木头，有点力气的成人都能完成。

其次，必须更具有示范性。只有具备众所周知的示范性，才能顺利引导人心，引领目标服从命令。

再次，必须出人意料，制造惊喜效果。搬一根木头换一锭重金，人们本能地就会质疑，但当有人尝试之后真的得到重赏，一定会引发围观者的惊喜。所有人都会因为难以置信去谈论这件事，形成全民热议的话题。这件事的发生，为变法打下了良好的舆论基础，创造了空前的信任氛围。

最后，必须不合常理，悖离已有的认知。不合常理才能形成强大的反差，引发公众好奇。搬木头这种没有太大难度的事情却得到了重赏，超出人们的常识，打翻了人们一直以来的认知，产生轰动效应，形成了可传播的传奇性故事，在街头巷尾的谈论中传至四方。

总结下来，就是先给人们建构稳定的预期，博取信任，建立示范性,提升引导性,而后通过树立榜样影响人心、调动人心，操控人心。人心顺，则事成。

第三节　把自己也变成别人可借的"势"

王立群教授说："人际交往的核心，是你必须有足够的价值。这个价值，更多的是使用价值，也可以称为利用价值。人际关系的本质，就是各取所需。一旦对方在你身上毫无所图，关系往往也就无法维持下去。"

我们提倡借势，还强调了有借有还，先决条件是，你必须让人有势可借。更直白地说，就是你必须对他人有用。"他人"的"人"，泛指在职场中除我们自己之外的所有人：同部门和其他部门的同事，比我们更有经验的职场前辈，带领团队前进的部门经理，以及客户和合作伙伴等。

很多时候，我们在得知自己被人利用时，会习惯性反感和不适，但在职场，请千万不要避讳"利用"这两个字。职场是一个讲究价值的地方。如果我们的价值，包括才华、学识、天赋，以及后天学到的所有技能，可以得到最大程度的发挥和利用，应该是一件非常幸运的事。

具备足够的被利用的价值

想为他人提供价值，需要的是有价值的输出，以利他之心，实现自我价值最大程度的体现。

我认识一位曾经从事下岗再就业人员技能培训的职场前辈。对现在年轻的职场生力军来说，下岗再就业已经是个很遥远甚至陌生的名词。

那位前辈当时有很多选择，偏偏涉足再就业技能培训这个出力不讨好的领域。很多人都表示不理解，她说，钱是要赚的，但赚钱的同时，总是需要担负起一份责任。

当时，那位前辈的亲人中有一位下岗职工。那位阿姨下岗时四十多岁，大半辈子捧着稳定的饭碗，吃着不紧不慢的饭，突然有一天，被宣布下岗，失去了几十年都习惯的稳定生活，整个人颓废、沮丧、迷茫，又有诸多抱怨，关键还因此影响到了读高中的孩子。那孩子不明白乐观了十几年的妈妈为什么突然变得敏感易怒又难以沟通，家庭氛围非常糟糕。

"其实，那位阿姨领了一笔一次性补助费用，就算做不了什么太大的生意，开个小卖部小吃店总是够的，至少能够让自己有事可做，总比在家里整天骂骂咧咧要体面得多。但是一个安安稳稳地过了几十年的普通人，社会变革的大浪对他们来说太猛了，一下子就被砸晕了。关键，这是一个群体现象，不是个人。当时我就想，有没有一种机构，能够将这些被砸晕的人集中到一处，从心理上给予疏导，从精神上进行鼓励，从技能上给予指导，为他们培养出重新进入社会的能力。但绝对不能是那种高高在上的施舍姿态，而是需要能够真正理解他们，和他们共情，让他们的心境发生真正的蜕变，才可能真正地走出困境。毕竟，他们不是小孩子，不需要另一个成年人对他们言传身教。对他们来说，难的从来不是工作，而是面对巨大改变的勇气。"

基于这样的初衷，那位前辈响应国家政策，创立了再就业培训学校。在再就业培训这个行业成为历史之前，她名下五所学校在各区都是名列前茅。当时，全市有十几所同类学校，但十几所学校"打"不过她一个人，因为从前辈学校走出来的学员，就业率高，就业态度好，精神面貌佳，在政府再就业部门对用人单位的随机抽查中，好评率始终在90%左右。

这位职场前辈秉持利他之心，心怀将自己的价值充分调动起来，让一个社会群体重新焕发生机的使命感，心甘情愿地成为被借势的一方，得到的回报也超乎想象。

但职场中的我们，即使做的只是一些日常工作，在一个部门的配合中，也需要不断地提升技能，扩充自己的使用价值，甚至，可以针对周围的需求，进行针对性地自我提升。

了解我们周围的需求

曾经有一位同事，为了完成一个营销策划方案，一连两周都在加班，每天都是加班到凌晨，早上又起个大早继续修改优化。但最后的方案，连客户的初步筛选都没有过，他很委屈，为此一度非常失落，而且还有了一些抱怨，认为上司没有为他提供足够的支持，从没有帮他在客户面前说一说好话。他坚持认为，他辛苦了那么久，做出的方案非常出色，失败的原因就是因为和客户没有工作之外的人情往来，所以得不到太多的机会。

他怨声载道，一位资深的老同事实在忍不住，问："你的方案针对的客户群体是什么？"

同事很奇怪："就是那家老客户，他家卖什么东西的你不知道？"

老同事再问："客户让你出策划案，是帮助他去赢得他的客户，不是讨他欢心，你连这一点都没弄清楚，就算你再加上一个月的班，有用吗？"

"这怎么可能？客户……"同事不想承认。

老同事最后一记重击："就算给你第二次、第三次机会，如果你的方案只停留在现在这个阶段，有用吗？"

是的，当你连对方真正的需求都不清楚时，做得再多也毫无用处。

也有一个可能：那位同事即使了解了客户的真正需求后，做出的方案依然不敌更优秀的方案，但至少不会连初选都通不过。只要客户曾经拿这份方案与其他方案进行过对比和评估，便有可能在选中的那套方案执行得并不顺利时，产生"用另一个方案会不会更好"的想法。也许，当同样的需求再次出现时，会采用他的方案。

如果我们想让自己在整个部门中更具存在感，在客户的眼中更具专业性，首先便要去了解周围每一个人的需求。没有人能做到十项全能，但可以有的放矢。我们做不了自己能力范围之外的事情，但可以在自己的专业领域内将价值发挥到极致。

不要想当然地给出帮助

日常工作中，如果你感觉到和同事的配合总是出现这样那样的小问题，明明了解对方的需求也在全力配合，结果仍然不尽人意时，便可能出现了一个问题：你站在自己的角度，提供了自以为是的配合或支持，但未必真的帮到了对方，甚至可能适得其反，制造出了新的问题。

北方一次小型的工业展览上，当地电视台的记者遇到了采访过两次的某制造企业冯经理。对方一人坐在展馆旁的小咖啡馆里，郁闷的神色一看就知道此时心情坏到不行。

出于礼貌，记者仍上前打了招呼，不料对方看见他就大吐苦水。原来，冯经理公司为他配备了一位新助理，对方无论是工作经验还是能力都很符合要求，但就是在配合中总感觉不对，即使最后把工作完成，还是会觉得疙疙瘩瘩，不那么顺畅惬意。

这次展会也是如此，虽然是小展，但有几位主要客户在这个城市，展后会去拜访并试用新产品。这些明明在开会的时候已经再三强调，但布展的时候还是发现少带了几件关键的新品。他问助理原因，对方答长途运输，那几样新设备过于精细，怕在运输过程中造成损伤，就只带来了模型。如果客户需要试用，可将需要加工的样品由她带走或寄回总公司，她会负责全程拍摄试用视频，而且关于这一点，她已经取得了客户同意。

"你看，她并非没有想到，也不是考虑不到，她知道问题存在，还给出了解决办法，可是，她为什么不和我说一声就自作主张？"

冯经理不想当着其他同事的面和助理闹得不愉快，所以一个人出来生闷气。

这位记者恰好也认识那位助理，和冯经理告辞后，便约对方出来吃饭。在展馆另一个大门附近的小餐厅里，助理也向他说了一堆抱怨的话。

这次参展，她负责运输产品到展会，但她的权限调动不了公司最高规格的运输配置，很难保证产品在运输过程中的安全。为此，她曾打电话向冯经理求助，但冯经理每次不等她说完，都是一句话："这事你全权负责，我不过问，我相信你的能力。"为了不让还没有正式上市的新产品在运输过程中受损，她只能采取了运输产品模型的办法。同时，在出发前致电几位客户，说明了原委，并表示愿意上门取样品，拿回总公司进行试加工。

情况就是这样，两人都以为在自己最大的权限范围内给予了对方足够的支持，也都以为对方没有给到自己应有的配合。

为什么会出现这种认知上的偏差？因为他们都是站在自己的角度考虑问题，想当然地以为自己已经给出了帮助。冯经理认为他下放了足够的权限，尊重了助理职责；助理认为她在自己的权限范围内做到了所有能做的，对可能出现的问题也进行了提前的处理。

如果，冯经理在接到电话时，问一句"有没有需要我帮忙的"；或者助理在打电话的时候先说一声"新品实物带不过去"。他们此刻经历的这些不快都不会存在。

跳出以自我为中心的局限，放弃想当然地"我为你好""你都明白"之类的主观判断，以解决问题作为导向，主动询问，直指主题，给出更加切中要点的支持，从而实现自我价值的最大化利用，让自己也变成可以为人所借的"势"。

第四节 集思广益，共创时势

1994 年，美国圣迭戈大学的管理学教授、组织行为学权威人士斯蒂芬·罗宾斯提出了"团队"的概念。所谓的团队，就是为了实现某一共同目标而由相互协作的个体所组成的群体。

据说，在美国有一支 11 人组成的工作团队，在专家估计中总身价超过了 1 亿美元。然而，有趣的是，如果把这 11 个人拆分，每个人的身价不会超过 50 万美元。说明了什么？说明一旦团队的力量被激发，群体价值的平均值远超单人价值。个人英雄主义只能是电影里的情节，而在现实中，你不可能仅依靠一个人的力量完成工作。

其实，比起个人英雄主义色彩浓重的美国，中国人更相信群体的力量。就像科幻电影，美国有美国队长，有钢铁侠，有超人，有绿巨人；但中国的《流浪地球》里，则是由一个个没有任何特异功能的正常人类所组成的庞大势能。

随着网络经济时代的来临，网络上崛起了一个又一个的个体，成为时代红利的分享者。很多人又开始心思活泛：这是一个彰显个性的时代，团队的理念是不是已经不合时宜？

但恰恰相反，我们可以去看一看如今正在我们手机屏幕中活跃的时代"幸运儿"们，有哪一位没有团队，没有合作伙伴？又有哪一位不是借了时代之势和"粉丝"的人气之势，才会光芒四射，乘风破浪？

寻求更多的智慧，是生存的本能

随着产业结构的变化，市场竞争越发激烈，职场结构也发生了剧变，单兵作战的劣势已经越来越明显。今天，大家无不在寻求着合作发展，个人与个人之间结成团队，企业和企业之间联手共赢，集合更多的智慧和资源，顺应并创造着整个时代的大势。

美国著名管理学家哈默有一个客户名叫魏尔伦。

魏尔伦是一个职业经理人，当他在自己的办公室时，除了要与客户电话联络外，还要处理公司大大小小的事情。桌子上总有一大堆公文等他去处理，每天都忙得不可开交。每次到加州出差，哈默都要约魏尔伦在早上六点三十分见面，魏尔伦必须提前三个小时起床，处理公司发来的文件，再将文件回传。

哈默曾为魏尔伦分析，觉得魏尔伦做得太多，而他的员工只做简单的事务性工作，甚至不必动脑筋去思考、去面对他的客户，也不必承担任何的责任与风险。

此刻，魏尔伦的团队就变成"木桶效应"里的那只木桶。虽然魏尔伦自己是团队最长的那块板，但他的属下都变成了团队的短板，长此以往，将非常不利于魏尔伦及其团队成员的职场发展。

事实上，即使在短时间内，其弊端也已经很明显。魏尔伦这么辛苦，却没有取得与其努力和能力相匹配的成功。哈默提议说，魏尔伦应该学会向他的职员寻求帮助。魏尔伦则烦恼地说自己的员工没有办法做得像他一样好。

哈默向他说明两点："第一，如果你的员工像你这么聪明，做得和你一样好，那他就不必做你的员工，早就成为你这样的职业经理人；第二，你从不让他们去尝试去成长，又怎么知道他们做得不好？"

魏尔伦听从了哈默的建议，他开始寻找自己员工的闪光点，并尽量人尽其才，例如让思维敏捷、表达能力强的员工负责开发和接待客户，谨慎细致的员工负责制定业务分析的表格，行事稳重的员工则做一些管理工作……借由这次改变，魏尔伦合理规避了团队成员的短板，适时地向自己的团队借势，成长为一位非常高效的职业经理人，获得了更大的成效。

一个人，只有一双手，一颗大脑，需要休息，也需要停下来思考，不可能什么事都亲力亲为。寻求帮助、得到帮助都是顺势而为的本能。企业之间的战略合作，也是出于更高的生存需求所做出的本能反应。想活得更好，活得更加长久，就需要打破自我设限的樊笼，寻找到更多的助力和助势，应对风高浪急的市场洪流。

集思广益，拥有创造时势的力量

一个由两人以上所组成的团队，最大的优势就是可以取长补短，集思广益，将每个人的长处整合在一处，以整体力量获得更有成效的建树。所谓"三个臭皮匠，顶个诸葛亮"，即使由一群平庸之人组成的队伍，只要得到有效的引领和合理的利用，也可以发挥出创造性的力量。

首先，你要知道你的团队里都有什么样的人，各自有着什么样的能力，这点很重要。

就像前文出现的徐某，了解团队中每一个人，然后充分利用每一个人的优势，让能力参差不齐的团队成员成为了一个能打能抗的整体。向团队借势，说简单一点就是学会用人。用人的第一步就是知人，知人才能善任，每个人都在自己最适合的位置上发挥着各自的能量，团队的力量才会得到充分体现。

其次，相信团队，在不断的磨合中培养团队成员之间的默契。

用人有一个大原则：用人不疑，疑人不用。如果认为某个人做不好某件事，干脆不要对方着手。团队需要的是成员之间的百分百信任，缺乏信任，便会因为猜忌、揣测、将信将疑、患得患失等行为，造成无谓的内耗，浪费人力、财力、物力等诸多资源。

最后，调动积极性，各显神通。

对于团队，很多人有认识上的误区，认为所谓的团队，就是要压制每个人的个性，求得团队成员之间的和谐共处。这其实是对团队的一大误解。团队并不是军队，要求的不是整齐划

借势成事

一，而是八仙过海，各显神通。

《西游记》中的取经团队，从管理学的角度来看其实并不是一个尽善尽美的团队。唐僧作为领军人物做事瞻前顾后，不够果断，且听不进下属的意见；孙悟空作为团队的核心骨干做事冲动，不服从管理；猪八戒喜欢偷懒，丢三落四，没有效率；沙僧忠厚老实，但缺乏魄力和冲劲儿。但就是这样一支团队，最终获得了成功，取到了真经，为什么？

因为这些人虽然都有鲜明的个性缺点，但也都有着鲜明的个性优点。

唐僧目标明确，坚定地率领大家向西而行，即使在每一次阻难中都饱受惊悸畏惧，也从来没有移志退却；孙悟空能力出众，资源丰富，遇到解决不了的难题随时可以搬来救兵，借势玩得贼溜；猪八戒善于调节团队内部的气氛，是吉祥物，也是开心果，在孙悟空偶尔休息的时候，还可以暂时成为团队主干，孙悟空一旦回归也会让得心甘情愿；沙僧任劳任怨，从不埋怨，埋头干活儿，听从指挥。

这说明什么？团队成员有个性并非坏事，如果强行压抑成员的个性，结果只会得到一群不伦不类的乌合之众。压制了个性，缺点未必会消失，优点却一定会淡化。我们用的一直是大家的优点，领导者的作用就是将擅长的工作交到擅长的人手里，成员的职责则是把自己能力范围内的事情更好地完成。不擅长的事情怎么办？有同事，有伙伴，互相支持，彼此借势。这就是团队存在的意义，也是"合二为一、化零为整"的必要性。

第六章　谋定而动，借势成事

　　鬼谷子认为，捭阖术重在审时度势，谋定而后动。时来，相时而动，借势而为；运去，藏拙蓄势，等待时机。谋定而后动，知止而有得。目标就在前方，能否到达，端看我们是否已经将通往目标的路踩在了脚下。以思得谋，贯彻计划；以势成事，付诸实践。谋成则得势，得势则事成。

第一节　成熟的思考，是成功借势的前提

正文开始之前，先讲一个故事。

偏远的山区中，几个青年一同开山。大部分的人把开采出的石块砸成小石子运到路边，卖给建房的人；只有一个青年直接把开采出的大石块运到码头，卖给城市里的花鸟商人。因为这儿的石头奇形怪状，十分好看，他认为卖重量不如卖造型。两年后，他成为村里第一个盖起瓦房的人。

后来，政府出台了禁止破坏山体的政策，号召种树护山，山上变成了果园。秋天到来，因为这儿的鸭梨汁浓肉脆，味美可口，漫山遍野的鸭梨招来八方商客，村民把堆积如山的鸭梨成筐成筐地运往城市出售，有些还发往国外。就在村里人为鸭梨的丰收所带来的小康生活欢呼雀跃时，曾经卖大石块的青年砍掉果树，开始种柳树。因为他发现，来这儿的客商不愁买不到好梨，只愁买不到盛梨的筐子。4年后，他成为村里第一个在城里买房的人。

再后来，一条贯穿南北的铁路从村前经过，村民向北可

到北京，向南可抵广州。小村对外开放，果农们也由单一的卖水果开始发展果品加工及市场开发。就在一些人开始集资办厂的时候，那个青年在地头砌了一座 2 米高、100 米长的墙。这座墙面向铁路，背依翠柳，两旁是一望无际的梨园。坐火车经过这儿的人，在欣赏盛开的梨花时，会看到四个醒目的大字——"××可乐"。据说这是方圆百里唯一可以看到的广告。那道墙的主人仅凭这座墙，每年又有了几十万元的额外收入。

故事中的青年和别人有什么不同？

别人看到其他人做什么，自己便做什么，即跟风，也可以称为"盲从"。而青年每一次的行动都基于思考，而后将行动的结果做到了极致。所以，他成了村中最成功的人。

成熟的思考，源于成熟的思维

什么样的思维方式才算是成熟的？

如果不清楚这个问题的答案，或者认为即使给出答案也太抽象，可以去观察我们身边那些被评价为行事有章法、做事有分寸的成熟人士。

评价一个人是否成熟，不是看他会不会在要不到糖时满街打滚儿，出现问题时失控地大喊大叫，而是他所有的处事方式、行动表现，是否为了解决问题，是否能够解决问题。

事实上，如果打一个滚儿就可以从超市拿到糖，大喊大叫一通就能让问题消失，我们为什么不这么做？反而舍近求远，去挣钱买糖，去绞尽脑汁思考？

我们不再打滚要糖，是因为长大成熟后的我们已经知道，小时候这招会奏效，一哭一闹家中大人就会替我们付钱买糖，而现在如果手中没钱，无论怎样地打滚哭闹，也不会有人给糖，反而会被超市骂一声"有病"，被围观者视为笑料，被警察认为扰乱公共秩序。

我们平静地面对问题，是因为已经清楚地明白，大喊大叫只会让情况更加糟糕，只能以成熟之名控制情绪，思谋解决之道。

成熟的人，清楚自己想要什么，并知道为了得到想要的应该采取什么样的行动，付出什么样的努力。成熟的思维，会在行动前想到所有的结果——成功和失败。

成熟的人为取得成功，在成熟思维的指引下，会在计划执行前，进行全面地评估分析，制定周密的执行方案和可拆分的阶段目标，条件允许时还会设立纠错机制和应急机制。计划开始之后，会随时关注最新的变化和动态，以便进行有针对性的调整和应对。

即使面对不尽如人意的结果，也很清楚自己为什么失败，自己在哪一个环节没有施尽全力，并坦然接受。哪怕心有不甘，也坦然地接受自己的不甘。允许自己偶尔的情绪释放，允许自己不够坚强，然后擦干眼泪，继续走在通往目标的路上。

成熟的思维，会让人全力以赴地奔向成功，平静坦然地接受失败。有勇气面对逆境，也有底气享受成功。

成功借势之后，依然需要成熟的思考

本节开端故事中的那位青年，其实还有后续。

青年开了一家超市，生意兴隆的时候，对面也出现了一家经营范围几乎和他一模一样的超市，同一类产品，售价总比他的要低上一阶，甚至公开在门上贴出告示，明明白白地告诉顾客自家产品比对门要便宜。同一品牌，顾客当然会首先选择更便宜的东西，导致对面店的生意兴隆，青年这边门庭冷落。他也降价销售，但对门总会比他低上一毛。青年很生气，隔三岔五就会和对面店长在大庭广众之下发生争论，让很多人看了热闹。

直到一位行业资深人士看到，认为以青年的头脑，不应该陷入这种低端的竞争，青年一笑："对面那家店也是我的。"

那位资深人士因此更加赏识青年的经商思维，主动提出合作。青年的事业得到了更大的上升空间。

青年的厉害之处，在于他从来没有满足于某一刻的成功。卖花鸟石盖了瓦房之后，又卖柳筐购了楼房，然后在所有人热衷办厂的时候立起了一道广告墙，继而又是超市，用左右手互搏的策略为顾客制造乐趣，增加购买的欲望。

所有创新都是成熟思考后的收获，一家企业的崛起，一个人的进阶，每一步都是创新驱动之下的结果。

如何才能成熟地思考

在成熟思考之前，首先需要提出问题。这些问题未必成熟，但可以不停地提出，不停地追问自己，也就是大家所说的"遇事多问几个为什么"。在回答自己的过程中，一步步将答案塑造成形。提问题的能力，是劈开信息迷雾的一把利刃，一旦形成这种思维惯性，慢慢就会培养出成熟的深度思考的能力。

但是，成熟的思考不等于过度思考。

成熟的思考是为了最终目标的解决，是为了产生推进行动的动力，如果因为过度思考而导致行动迟缓，就完全违背了成熟思考的意义。同时，还需要注意：

一是灵活应对变化：计划不如变化快。在执行过程中，要根据实际情况及时调整计划，灵活应对各种突如其来的变数。

二是具备持续学习的能力：不断学习和提升自己的专业知识和技能，以便在行动过程中，在需要的时候，能够做出更加科学有效的决策。

三是引领团队参与：思考过程中，制订计划时，都应充分听取团队成员的意见和建议，确保思考的全面性和计划的可操作性。

想借鱼的势，就要像鱼那样去思考

子非鱼，焉知鱼之乐？如果要想钓到鱼，就像鱼那样去思考。不然，你认为自己购买的鱼饵是全世界最美味的饵料，对鱼儿来说也不过是所有钓鱼客都曾使用过的凡物，普通而乏味。

想成功借势，不妨思考对方在想什么，想要什么，想拿到什么样的结果，然后对症下药，投其所好。这是攻心术，也是成熟思考后的结果。

迪巴诺是纽约一家著名面包公司的老板，可是纽约的一家大饭店从未向他订购过面包。四年来，迪巴诺每星期必去拜访这家饭店的负责人一次，也参加该饭店所举行的商务会议，甚至以客人的身份住进大饭店，找机会和对方进行接触。

但是不论迪巴诺采取正面攻势，还是旁敲侧击，这家大饭店的负责人一直不为所动，没有和迪巴诺建立商业往来。这反而激起了迪巴诺的斗志，他下定决心，一定要让这家饭店购买自己的面包。

第一步，调查负责人所感兴趣的东西。不久，他发现这位负责人是美国饭店协会的会员，由于热心协会事务，还担任了协会的会长，而且在很多公众场合都喜欢以协会作为话题。

第二步，攻克负责人所感兴趣的话题。这一点，需要学习，也需要补充常识，向业内人士请教。

第三步，跟随。凡协会召开的会议，无论在何地举行，迪巴诺都乘飞机赶去。

第四步，交流。当迪巴诺再去拜访这位饭店负责人时，就以协会为话题，果然引起了对方的兴趣。他眼里发着光，和迪巴诺谈了半个多小时，还口口声声说这个协会给自己带来无穷的乐趣，他也极力邀请迪巴诺加入。

整个谈话过程中，迪巴诺丝毫没提到面包的事情。但是几天后，饭店的采购部门打来电话，让迪巴诺立刻把面包样品和价格表送去。

迪巴诺的面包虽然远近驰名，但迪巴诺的长期攻势并未见成效，反而想对方之所想，做对方之所做，使得形势扭转。这就是施展攻心术的妙处，也是成熟思考之后拟定计划、付诸行动所带来的改变。

第二节　复杂态势：外势＋内势，趋势＋形势

本书进行到这里，我们说了那么久的势，谈了那么多的借鉴方法和借势真谛，但当面对各种势能交错的复杂态势时，仍然需要更多的审慎评估和更多的深思熟虑。情势越复杂，越需要在做出决策或判断之前，进行一次全面、客观、有条理的分析和权衡。

外势＋内势，内外相济

评估的过程包含信息收集、分析评估、权衡利弊、考虑风险和决策制定等步骤。只有熟识外势，又深悉内势，内外相济，条分缕析，才会在复杂交错的环境中找到可以借用之势。

外势，是指与社会、经济、文化、科技等外部大环境息息相关的趋势。内势，是指对个人自身、自家团队或企业的认知。

先说外势。

现全球处于一个复杂多变的大环境中，如果想对外势做出

严谨的判断，需要长期的观察、研究、验证，找出核心的内在规律和发展趋势，需要行业技能的不断充实和洞察力的持续提升。

首先，行业知识的积累，不仅需要广度，还需要深度。长期跟踪行业动态，对跨领域的知识也能够广泛了解。同时，对行业领域内的客户需求、产品的应用场景、技术的革新迭代、制造与供应链、销售与品牌、商业模式、国家政策等，进行深入研究。

读：读专门的行业研报，读行业媒体文章，读行业大咖的公开发言或著作，读行业领导企业的报道；

谈：与客户交朋友，与行业专业人士互动，向行业内专家请教，参加行业大咖的讲座；

用：自己亲自去用，了解产品的使用场景与产品功能，体会产品的商业逻辑。

其次，洞察力的提升更多体现在眼光、眼界和眼力上。见多才能识广，保持持续的学习动力，从表象之下识别真相，找到规律，由表及里，形成自己独特的洞察力。这是一项需要不断精进的能力，一旦惰性发作，就可能失去已经培养出来的敏锐度。

再说内势。

前面讲到了一些定位团队角色、了解自身优劣势的方法，但说到内势，还需要对自己的意志力进行充分的评估：你确信自己有做这件事的能力，但是否确信自己可以坚持到底？团队或企业也是如此，即使我们充分发挥了团队成员的优势，充分调动起了大家的积极性，仍然需要持之以恒地坚持。热情是一刹那的事情，但做事最需要的是长久的定力。

趋势 + 形势，互为因果

趋势指的是事物在一定时间范围内的变化方向和倾向，具有一定可预测性，以及在某段时间内表现出来的重复性和规律性。趋势可以用定量的方式进行测量和分析，例如通过收集历史数据找到关联性，建立模型来预测未来的变化方向。

形势更侧重于对事物的当前状态和现状的描述，属于某一特定时刻或一段时间内的综合情况的概括和总结，更强调当前的观察结果和环境之间的关系。相对来说，形势是一个更加主观和主客观相结合的概念，因为它不但着眼于客观数据和事实，还会考虑主观判断和外部因素的综合影响。

趋势是形势的延续和表现，趋势分析的基础是对形势的观察和总结。形势的变化可能会导致趋势的变化，而趋势的变化也可以反馈到形势之中。因此，在分析和决策过程中，需要综合考虑趋势和形势之间的相互关系，以便更好地理解和把握事物的变化规律。

你想成为什么样的人？你想要度过怎样的一生？制订一份人生规划，每一步都顺应大环境的发展需求，步步为营中日积月累，外势到来前，内势已经准备完毕，看清形势，顺应趋势，为自己打造一条"步步为赢"的人生之路。

第三节　杜绝盲目借势和无效借势

如今，各大品牌的确对借势营销情有独钟，每逢重大节日或出现热点事件，借势作品立刻就如雨后春笋，铺天盖地地占据了我们的视线。

但很多时候，这些作品都只是暂时繁荣，也不能说它们没有价值，只是华而不实，徒有其表，没有实质性的内容输出，热闹一阵后就成为了过眼烟云。说白了，绝大多数的品牌只是在追逐热点，打着借势营销的口号蜂拥而上，照葫芦画瓢而已。

盲目借势，小心品牌反噬

不可否认，借势营销这种方式不仅成本低还可以迅速发酵，并且通过人们对热点的关注，成功地把品牌的文化价值和情感诉求传递给受众，以达到吸引眼球、获取好感和话题的目的。

真正的借势，是有策略和技术含量的。对热点的快速反应，与品牌的创意结合，将资源的价值放大，使品牌的含金量提升……一场成功的借势营销，会让自家品牌或产品成为热门话题中重要的地标性元素，甚至超过话题本身。

盲目的借势，只会导致对品牌的反噬。热点的最大特点就是时效性，出现得突然，迭代得也快。如果只是不加辨识地盲从，只会泯然于海量信息中。所以，在热点面前，真正的借势营销必须做到：与品牌的文化基调相符，和品牌的销售策略无缝结合，满足目标受众的情感诉求。

对于品牌而言，匆匆忙忙地追逐热点，制定一套营销活动，但当品牌与热点的内容并不匹配时，粗糙的制造便会导致大众对品牌产生负面的认知，传播得越广，负面影响越大，短期来看可能没什么太大的影响。但长此以往，会让品牌失去应有的含金量，被受众抛弃。

品牌利用热点，是为了更广泛的传播度，不是为了刷存在感。一堆大大小小的企业扎堆凑热闹，争相消耗热点的传播力，由此就会引发过度曝光。对于任何事物，过度曝光都会让人产生逆反心理，要么心生排斥，要么产生过滤效应，无法引起人们的注意。

在喧嚣浮躁的营销环境中，不是所有品牌都适合追逐热点。蹭热度的基本前提，在于品牌本身已经有清晰的形象和精神，通俗来说，就是受众心中的记忆点。配合的创意内容应该是最直接嫁接于热点之上的品牌记忆点，比如产品本身、品牌的标志、代言的明星、广告的背景音乐等，而不是一通操作猛如虎之后再强加于人。

有效借势，必须扣动用户情绪的扳机

向热点借势，要想取得最好的传播效果，一定要能打动受众的情感。一个好内容的首要技巧，就是站在受众的角度，与目标产生"利益"与"情感"的关联。只有内容价值触发到了受众的利益或情感，才会产生互动与分享的动力和动机。

简单来说，就是能够产生话题感。个人虽然是个体的存在，但世界是一个集体，任何人都无法脱离集体而独自存活于社会中，这也是社区类型的产品长盛不衰的原因。

身为品牌，在表达传播自身价值的时候，不仅仅是一个单向操作，更是一个与大众互动交流的过程。热点信息本身就具备用户参与感，蹭热点也必须充分考虑用户参与体验。用户愿意把你的品牌当成话题热议，品牌的蹭热点营销才算成功。

同时，借势营销不能只注重炒作的即时效应，还要从战略层面，通过资源整合，逐步实现品牌与产品销售的双丰收。很多品牌紧跟热点借势营销获得大量的关注，但由于一些实施环节没有及时跟上，使受众感觉不被尊重，反而引发负面效应，得不偿失。

所以，品牌在进行借势营销提升知名度的同时，还要对形象进行维护。借势营销应该通过深入调研和精心策划，将产品创新和宣传促销有机结合，以创新的理念为品牌注入全新的竞争力，以产品的独特性卖点强化宣传促销的实效，而非忙活一通仅仅为了凑一场热闹。

第四节　借势而成，直至势不可挡

在我们这个拥有五千年悠久历史的国家，厚重的历史书册上留下了一个又一个光芒璀璨的名字，有帝王将相，也有文人墨客。他们以自身入局，告诉我们，成功的方式可以有多种样貌，借势的手法也可以有百般变化。

鬼谷子认为，捭阖术重在审时度势，谋定而后动。时来，相时而动，借势而为；运去，藏拙蓄势，等待时机。谋定而后动，知止而有得。目标就在前方，能否到达，端看我们是否已经将通往目标的路踩在了脚下。以思得谋，贯彻计划；以势成事，付诸实践。谋成则得势，得势则事成。

天下大势，纵览于胸

三国时期，鲁肃是周瑜的左右手，在周瑜的推荐下加入了孙权的阵营。当时天下大乱，有一次孙权请鲁肃一起喝酒，就问他说："现在天下大乱，我接手了父亲和兄长留下的基业，想做个称霸一方的诸侯，先生认为如何呢？"

　　鲁肃开始帮助对方分析天下的形势。他首先是给孙权泼了一盆冷水，说："将军，您想在地方上当个霸主，恐怕是有点困难了。因为曹操现在坐拥北方，挟天子以令诸侯，有这一层强大的政治优势在，我们很难在短时间内将其诛灭。"

　　接着，他给孙权出主意，说："将军您现在最好的做法，是牢牢地把江东这块地方守住，等待形势发生变化。这个变化，就是曹操的后方出事。一旦曹操的后方不稳，将军您率兵攻打荆州，然后再派兵消灭刘璋，与曹操隔着长江对峙。这个时候，再等到机会来临，您就可以北上，灭掉曹操，完成统一大业了。"

　　鲁肃的这番分析，说出了当时的天下形势。按照他的判断：第一步，是孙权、刘表和曹操三分天下；第二步，是吞并刘表和曹操对立；第三步，就是消灭曹操，完成统一大业。

　　后来的历史发展告诉我们，鲁肃的分析是正确的，因为他看到了三国鼎立的未来发展趋势，同时也主张利用刘表的力量牵制曹操，然后静待时机。这和诸葛亮的见解几乎一致。

　　当然，鲁肃只看到了森林，无法预料单棵树木的凋零，天下大势纵然成竹在胸，现实的发展也很难掌控。

　　于是，待曹操讨伐刘表，刘表生病去世之后，鲁肃就立刻改变了策略，把另一对象改成了刘备，并且最终和刘备联手在赤壁之战中打败了曹操，实现了魏、蜀、吴三国鼎立的局面。最终鲁肃的"三步走"没有完全实现：孙权没有吞掉刘表，却从刘备的手上夺得了荆州；孙权没有统一天下，却称帝建立了吴国。可以说，鲁肃的洞察力是极为出色的，在天下大乱的时候就已经看到了形势的发展，并且根据形势为孙权判断出未来的大势，提出了正确的主张，最终帮助孙权建立了吴国基业。

鲁肃不但懂得分析形势，而且懂得变通。他在刘表去世之后立刻转变思路，顺应形势的变化，联合刘备，成功地帮助孙权保住了江东地区，更是功不可没。孙权直至称帝，依旧对去世多年的鲁肃念念不忘，还感慨地说："鲁肃早就料到我有今天啊。"

可以说，这是对鲁肃超凡的洞察力做出的最高褒奖了。

鲁肃用他的超凡见解和前瞻性告诉我们，借势成事，首先要明白的一点就是形势始终在变，趋势也不会既定如一。只看到一时的形势还远远不够，还要学会辨识形势和趋势的变化，去芜存菁，找到最适合我们的借势之道。

以势借势，谋定后动

"论古今谈兵之雄者，首推孙子。"从历史中的吴楚之战中可以清楚地看到，孙武的真正才能在于善于借势。

孙武领导吴军来到汉水，楚军便在对岸布阵。

为了进一步助长楚军的傲气，孙武采取两步策略：放弃水战的优势，选择步行前往营地；派遣大将夫概带领少数勇士，装备木制武器，与楚军小规模交战，虽然赢得了微小胜利，但楚军没有遭受实质性损失。

在楚军看来，孙武率军如同儿戏一般。此举令楚国的令尹囊瓦感到发笑，于是他挑选了精锐，计划夜袭。

然而事实是，孙武此举乃是"引敌深入"的精心计谋。楚军实施夜袭时，竟不知不觉陷入了孙武所设的陷阱，遭遇重大失败，囊瓦仓皇逃往郑国。

同时，运用对手的内部矛盾，也可削弱对手的力量。孙武领导吴军与楚军对峙，多次巧妙运用楚军内部矛盾，制造内耗。如，楚国令尹向唐、蔡两国索要贡品，引发积怨。

公元前506年冬，吴王召见了将军孙武和伍子胥等吴国重臣。阖闾对孙武和伍子胥说："六年前，二位说伐楚的时机还不成熟，我听了二位的劝告，改施'疲楚误楚'战略，现在蔡侯前来求救，你们看这次我们可不可以出兵呢？"孙武和伍子胥都认为伐楚的时机已经成熟，在孙武等人的精心策划和辅佐之下，由唐、蔡两国配合，吴军长驱千里，进行了一次春秋历史上罕见的大规模远征。

从普通人的角度来说，当市场态势混乱时，自己先稳住阵脚，默默成长。如果竞争对手与其他同行企业产生竞争，可联合那家企业展开合作。敌人的敌人是朋友，对手的对手也可以成为伙伴。

文心雕龙，借势而成

南朝的刘勰，很小的时候就失去了父亲，生活极为贫困。但他有志好学、博读经文，并着力著书立说，写出了《文心雕龙》。

然而，因其出身卑微，社会地位低下，没什么名气，《文心雕龙》写成后根本就得不到世人的重视。刘勰不愿意看到自己用心血凝成的书稿被埋没，决心改变这种局面。

沈约是当时的文坛领袖，有着很高的声望，刘勰想请他评鉴自己写的《文心雕龙》，借以赢得声誉。但是沈约身为社会名流，哪能轻易见到？

于是，刘勰想出了一个主意，事先打听到沈约外出的时间，便背上自己的书稿，装成卖书的小贩，早早地等在离沈府不远的路上。当沈约乘坐的马车经过时，刘勰便乘机兜售。沈约喜欢读书，当即就停下来，顺手取了一部《文心雕龙》。见是自己没有读过的书，便随手翻阅起来。稍稍浏览了一下，沈约就被内容吸引，当即买了一部带回家去，放在案头认真阅读。沈约被这部书的文采所折服，在之后上流社会举行的聚会中不时地向人推荐这部书。当时文坛中人见沈约对这本《文心雕龙》如此推崇，也注意到了此书，继而争相传阅。

刘勰借沈约之势，很快名声大噪。

借用这个故事，在本文的最后，我们再次强调一下：从怀才不遇到人生逆袭，有一样东西不可或缺且无法替代，那便是"才能"。

势不可挡是我们的终极梦想，在通往这个梦想的过程中，才能就是成就梦想的终极武器。所谓"万事俱备，只欠东风"，必须真的是"万事俱备"，否则只会枉负东风。无论现在的你处于怎样的境遇，面临什么样的考验，加强自身，充实自我，持之以恒地学习，是无论如何也回避不了的人生课题。当一个人拥有出色的思维动态，优异的工作技能，又可以巧妙地驾驭周遭的各种势能时，才可能迎来事业上的蜕变，实现事业品质的全面飞跃。